LES VESPA DE PIAGGIO

LES VESPA DE PIAGGIO

MARCELLA BIANCHI

Hermé

Connectez-vous sur : www.lamartinière.fr

2, rue Christine
75006 Paris
ISBN : 2 86665 349 1

DE 1946 À 2001

Sommaire

1 MAGAZINE

2 HISTORIQUE ET TECHNIQUE

Préface

La Vespa est plus qu'un moyen de transport : c'est un art de vivre ! Son succès en a fait un nom commun au même titre que mobylette, klaxon ou frigidaire, et les plus « glamour » des stars de cinéma ont été photographiées à son guidon. Dans le dictionnaire Larousse, la Vespa figure en tant que nom féminin signifiant « scooter de la marque de ce nom ». Voici l'histoire de ce scooter devenu un véritable phénomène de société, reconnu dans le monde entier depuis cinquante-cinq ans.

DE 1946 À 2001

Introduction

Le scooter Vespa a acquis une telle notoriété que pour une fois le véhicule est plus connu que la marque. En effet, la Vespa est plus mondialement connue que son constructeur Piaggio !
Dans cet ouvrage, vous découvrirez l'histoire détaillée de Piaggio, la naissance de la Vespa ainsi que les évolutions de chacun des modèles, sans oublier un chapitre consacré à la technique et la compétition. Mais comme Vespa est avant tout synonyme de plaisir et de liberté, voici pour commencer la partie magazine de belles images remplies de rêve.

AOÛT

D	L	M	M	J	V	S
				1	2	3
4	5	6	7	8	9	10
11	12	13	14	15	16	17
18	19	20	21	22	23	24
25	26	27	28	29	30	31

MAGAZINE 1

La Vespa est un phénomène de mode. Lancée en 1946, la Vespa s'appuie sur un concept original, à tel point que la firme Piaggio imagine une communication également nouvelle et originale. Dès le début des années cinquante apparaît le premier calendrier Vespa avec des dessins de pin up. Suivront des affiches publicitaires créées par de célèbres affichistes. Le cinéma s'emparera lui aussi de l'image du plus célèbre des scooters.

1.1. Vespa et ses pin up

Ci-contre

De 1951 à 1954, Franco Mosca dessine des pin up tous les deux mois pour les calendriers Vespa. Pour la première édition, les voyages sont à l'honneur : janvier et février sont les mois idéaux pour aller faire du ski, mars et avril pour se retrouver à Paris, mai et juin pour penser à son amoureux à Florence, juillet et août pour faire du tourisme en Égypte, septembre et octobre pour reprendre les études à Londres, novembre et décembre pour faire du shopping à New York. Tout cela avec le scooter Vespa bien entendu !

Page de gauche

Jayne Mansfield, l'une des plus explosives stars d'Hollywood représente le mois d'août 1963 du calendrier Vespa.

Le premier calendrier Vespa apparaît en 1951, cinq ans après le lancement de l'engin. Les dessins sont de Franco Mosca. Les « pin up » qu'il représente sur des Vespa deviennent vite célèbres. Véritables miroirs de la mode de cette époque, ces calendriers aux couleurs vives reflètent également les espoirs sociologiques que la Vespa est censée concrétiser. Ainsi, dans le calendrier de 1951, on montre toujours des jeunes femmes, belles et élégantes, mais aussi indépendantes, qui voyagent avec leur scooter dans différentes villes comme Paris, Londres, Rome, New York ou vers les pyramides d'Égypte. Autrement dit, ces pin up représentent le rêve de nombreuses Italiennes voulant résolument laisser derrière elles la guerre et ses tragédies, pour enfin penser à la joie de vivre et aux évasions : l'une se remet du rouge à lèvres devant les bouquinistes de Notre-Dame de Paris, l'autre lit la pièce de William Shakespeare *Roméo et Juliette* devant le Big Ben de Londres…

Le calendrier de 1952 met à nouveau en avant d'aguicheuses pin up, mais cette fois-ci le thème abordé est plutôt le sport. En effet, ce loisir est, comme le tourisme, synonyme d'évasion et de liberté. Ainsi, l'une s'en va faire du ski, tandis qu'une autre est en bikini

devant une piscine. Par la suite, ces pin up iront jusqu'en Polynésie en tenue de Tahitienne ou deviendront hôtesse de l'air. Toujours du rêve et de la grâce !

En 1955, soit quatre ans après le premier calendrier, les dessins de Franco Mosca sont remplacés par des photographies pour chaque mois (alors que précédemment on trouvait un dessin tous les deux mois). Le calendrier de 1955 montre cette fois-ci de splendides mannequins. Les dessins font place à des créatures réelles, du coup les femmes s'identifient plus facilement à elles. Dès 1956, le concours « Miss calendrier » est organisé. Il permet d'élire la plus belle parmi les douze photos de l'année. La préférence va cette année-là aux filles qui représentent les mois d'été, c'est-à-dire aux plus dévêtues…

En 1957, chaque photo du calendrier réalisée en studio possède un fond stylisé, alors qu'en 1959, elle se détache sur un fond noir afin de mettre en évidence non seulement les toujours aussi jolis mannequins, mais aussi la nouvelle gamme Vespa qui ose les couleurs pastel. Puis en 1960 et 1961, les mises en scène deviennent plus élaborées : en mai 1960 la jeune fille brandit un bouquet de fleurs, en septembre 1960 elle déguste du vin, et en décembre 1961 la voici qui fait ses emplettes avec le père Noël. Quelle vie simple et belle !

Ci-dessus

En 1952, en juillet et août, il est de bon ton de se retrouver autour d'une piscine… ou bien de faire du camping.

Ci-dessous

En 1954, les pin up s'émancipent encore : on est hôtesse de l'air, on profite des joies de la campagne, on joue les Tahitiennes en Polynésie, on s'informe sur les voiliers, on fait des adieux sur le quai d'une gare…

Ci-dessus

En 1957, les photos ont un arrière-plan stylisé en noir et blanc. Cette jeune fille en maillot deux pièces représente le mois de juillet 1957.

Ci-contre

À partir de 1955, les dessins font place à des photos de superbes jeunes filles tous les mois. Ainsi, ce mannequin représente tout de court vêtu le mois de juin 1956.

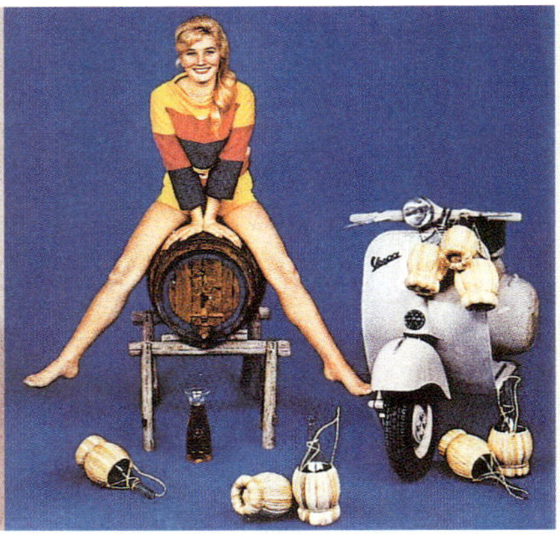

Le calendrier de 1960 ose des mises en scène aguicheuses. Ainsi, en janvier mademoiselle se retrouve toute nue dans un bac d'eau savonneuse, en février elle se passionne pour les ballons de baudruche, en mars la toute jeune Mireille Darc fait ses débuts, en juin on va jouer au ballon en bikini sur la plage, en septembre on déguste du vin, en décembre on se couvre d'un manteau blanc pour admirer les étoiles.

En 1959, le fond est tout noir mais c'est pour mieux attirer l'œil sur les jeunes filles de plus en plus dévêtues et les scooters hauts en couleur.

À partir de 1962, le calendrier étale ses pages glacées dédicacées par les starlettes parfois célèbres qui posent chaque mois, telles Mylène Demongeot en juin 1962 ou Jayne Mansfield en août 1963, héroïne du film *La Blonde et moi* mais aussi connue pour sa poitrine légendaire. Piaggio fait fureur chaque année avec ses calendriers Vespa. En 1967, c'est l'apothéose ! De célèbres actrices prennent des pauses très sexy : Cyd Charisse surnommée « les plus belles jambes du monde », Ursula Andress, Raquel Welch, Angie Dickinson, Géraldine Chaplin ou Joan Collins...

Puis, peu avant les années soixante-dix, ce sont à nouveau des mannequins que l'on voit dans les calendriers Vespa, où apparaissent les notions de nature et d'écologie. Les stars les plus inaccessibles ont fait place à des femmes naturelles qui ne prennent pas forcément une pause stéréotypée. Ainsi, dans le calendrier de 1968, le thème abordé est celui de la mer avec cette joie de vivre auprès d'elle : on s'amuse avec les vagues, sur le sable, on bronze, on contemple le coucher de soleil, on est heureux de vivre... Il en sera ainsi pour tous les calendriers de la décennie soixante-dix. Certaines pauses deviennent même très suggestives : ainsi en 1977, une jeune fille tire la langue pour rouler du tabac. Dans les années quatre-vingt, les photos sont réalisées par des photographes renommés tels Tam Fagiuoli et Uwe Ommer, qui jouent avec les couleurs et la lumière : des jeunes filles en Vespa devant une affiche très colorée et dynamique, dans les casinos de Las Vegas, les discothèques... Alors que pour les années quatre-vingt-dix, les notions de nature et de beauté reviennent. Les photographes montrent un ciel bleu, un mur blanc, une jeune fille mangeant une pomme ou tout simplement des photos en noir et blanc.

Les années passent vite, les modes changent ainsi que les moyens de communication. Mais le calendrier Piaggio reste aujourd'hui encore un objet-culte pour l'amateur. D'ailleurs, pour les fans et les collectionneurs de Vespa du monde entier, les premiers calendriers dessinés par Franco Mosca sont considérés comme des « collectors » dont les prix ne cessent de flamber au fil des années. Conscient du phénomène, Piaggio célèbre le cinquantenaire de la Vespa en éditant pour 1996 un calendrier montrant des stars de cinéma des années cinquante. Enfin, les dessins de pin up sont devenus indissociables des scooters dont le tablier est souvent décoré de décalcomanies les représentant.

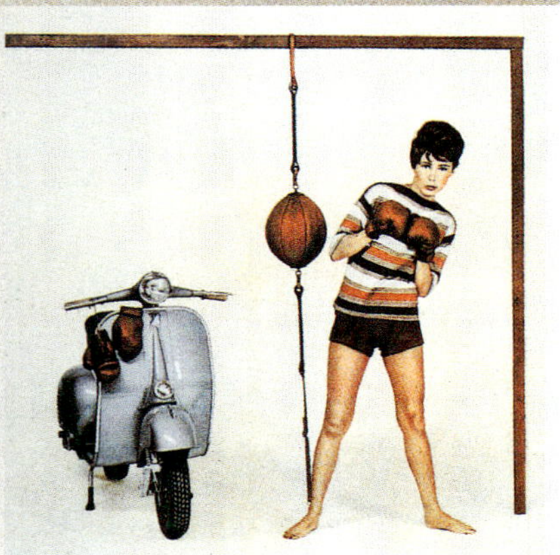

En 1961, on répète des mises en scène : en avril, notre pin up recherche le confort, en juin elle se prélasse dans un hamac, en septembre elle pratique la boxe, en novembre elle se passionne pour les peaux de bêtes.

GIUGNO
D L M M G V S
1 2 3
4 5 6 7 8 9 10
11 12 13 14 15 16 17
18 19 20 21 22 23 24
25 26 27 28 29 30

*De 1962 à 1967,
les mannequins inconnus font
à leur tour place à des starlettes,
et même stars du moment.
Par exemple, le calendrier
de 1962 nous fait découvrir le
charme de Sylva Koscina en
février ou Mylène Demongeot
en juin...*

JANVIER

	D	L	M	M	J	V	S	
			1	2	3	4	5	
1963	6	7	8	9	10	11	12	1963
	13	14	15	16	17	18	19	
	20	21	22	23	24	25	26	
	27	28	29	30	31			

FÉVRIER

D	L	M	M	J	V	S
					1	2
3	4	5	6	7	8	9
10	11	12	13	14	15	16
17	18	19	20	21	22	23
24	25	26	27	28		

MARS

D	L	M	M	J	V	S
					1	2
3	4	5	6	7	8	9
10	11	12	13	14	15	16
17	18	19	20	21	22	23
24/31	25	26	27	28	29	30

JUILLET

D	L	M	M	J	V	S
	1	2	3	4	5	6
7	8	9	10	11	12	13
14	15	16	17	18	19	20
21	22	23	24	25	26	27
28	29	30	31			

AOÛT

D	L	M	M	J	V	S
				1	2	3
4	5	6	7	8	9	10
11	12	13	14	15	16	17
18	19	20	21	22	23	24
25	26	27	28	29	30	31

SEPTEMBRE

D	L	M	M	J	V	S
1	2	3	4	5	6	7
8	9	10	11	12	13	14
15	16	17	18	19	20	21
22	23	24	25	26	27	28
29	30					

AVRIL

D	L	M	M	J	V	S
	1	2	3	4	5	6
7	8	9	10	11	12	13
14	15	16	17	18	19	20
21	22	23	24	25	26	27
28	29	30				

MAI

D	L	M	M	J	V	S
			1	2	3	4
5	6	7	8	9	10	11
12	13	14	15	16	17	18
19	20	21	22	23	24	25
26	27	28	29	30	31	

JUIN

D	L	M	M	J	V	S
						1
2	3	4	5	6	7	8
9	10	11	12	13	14	15
16	17	18	19	20	21	22
23/30	24	25	26	27	28	29

OCTOBRE

D	L	M	M	J	V	S
		1	2	3	4	5
6	7	8	9	10	11	12
13	14	15	16	17	18	19
20	21	22	23	24	25	26
27	28	29	30	31		

NOVEMBRE

D	L	M	M	J	V	S
					1	2
3	4	5	6	7	8	9
10	11	12	13	14	15	16
17	18	19	20	21	22	23
24	25	26	27	28	29	30

DÉCEMBRE

D	L	M	M	J	V	S
1	2	3	4	5	6	7
8	9	10	11	12	13	14
15	16	17	18	19	20	21
22	23	24	25	26	27	28
29	30	31				

En 1963, même des stars mondiales répondent présentes pour poser : Marina Vlady représente le mois de janvier, Catherine Spaak celui de mars, Antonella Lualdi avril, Pascale Petit juillet, Jayne Mansfield août et Carroll Baker novembre…

Puis en 1964, Stefania Sandrelli représente le mois de mars, Michèle Mercier, pas encore devenue « Angélique », avril et Scilla Gabel septembre.

Même la brune sulfureuse Joan Collins participe en 1966.

La jeune Raquel Welch pose en bikini pour représenter le mois d'août 1967.

JANVIER 1968
PIAGGIO

FEVRIER 1968
PIAGGIO

MARS 1968
PIAGGIO

JUILLET 1968
PIAGGIO

AOÛT 1968
PIAGGIO

SEPTEMBRE 1968
PIAGGIO

En 1968, le changement est radical : les stars sont remplacées par des mannequins inconnus. Et de plus, on voit apparaître la notion de nature : les pin up ne prennent plus de pauses stéréotypées et le maquillage est moins prononcé. Le thème est la plage, la mer, les vagues et le soleil. Le naturel revient au galop en cette période « peace and love ».

Ci-dessus

Puis au fur et à mesure, les images se font dynamiques, colorées. En 1971, les pin up se sont totalement émancipées.

Page de droite

En 1994, Piaggio opte pour le noir et blanc tandis que le décontracté est de bon ton.

Ursula Andress

John Wayne

Virna Lisi

Raquel Welch

Elsa Martinelli

Geoffrey Chandler · Esther Williams

À l'occasion du cinquantenaire de Vespa, le calendrier de 1996 revient sur la nostalgie des années cinquante avec des actrices et même des acteurs fétiches : la superbe Ursula Andress ouvre le bal en janvier enveloppée dans un manteau de fourrure, puis c'est au tour de l'éternel cow-boy américain John Wayne, Virna Lisi, Sandra Dee, Britt Ekland, Charlton Heston et Stephen Boyd lors du tournage de Ben Hur ; Raquel Welch toujours en bikini, Elsa Martinelli, Geoffrey Chandler en compagnie de l'actrice et danseuse aquatique Esther Williams, Géraldine Chaplin, Cyd Charisse, alors que Gary Cooper termine l'année en beauté.

En l'an 2000, ce ne sont plus des stars mais des mannequins de plus en plus sexy, et par conséquent dévêtus.

1.2. Vespa et le cinéma

Une affiche de cinéma mettant en scène des scooters Vespa La Menace *avec Robert Hossein.*

Au début des années cinquante, le Septième Art commence à beaucoup utiliser la Vespa, devenue un phénomène de société. Tout commence en 1950 quand la maison de production allemande Jungen Film Union sort une comédie musicale intitulée *Le professeur Nachfalter*, dans laquelle une vingtaine de Vespa apparaissent pour la première fois dans un film. Mais le grand amour entre Vespa et le cinéma se déclare dans *Vacances romaines* de William Wyler avec Gregory Peck et Audrey Hepburn en 1953. La ligne de la Vespa autant que le charme de Sabrina, l'héroïne adulée, gagnent les cœurs des spectateurs.

À gauche

La jeune actrice Mary Castle lors de vacances à Brighton, en Angleterre.

Ci-dessus

La starlette Judy Holliday apprend à conduire une Vespa.

À gauche

Jane Russell, la célèbre brune du film Les hommes préfèrent les blondes, *de Howard Hawks, avec Marilyn Monroe en 1953, pose sur une Vespa.*

Eddie Albert, Gregory Peck et Audrey Hepburn sont les trois acteurs principaux du film de William Wyler Vacances romaines.

Vacances romaines *est le plus célèbre film qui met en avant une Vespa. Ici, la belle Audrey Hepburn se cramponne à Gregory Peck pour sillonner les rues de Rome à Vespa.*

Puis viennent les années du boom économique. Les studios de Cinecittà à Rome deviennent le Hollywood de l'Europe et Federico Fellini immortalise en 1959 l'ambiance de la rue Veneto à Rome dans le film *La dolce vita* avec Anita Ekberg et Marcello Mastroianni. Dans ce film, notre scooter papillonne de café en café, se faisant photographier par les *paparazzi* et escortant les célébrités de Cinecittà.

En Italie, d'importants réalisateurs comme Germi, Monicelli ou Fellini utilisent des Vespa dans leurs films. C'est d'ailleurs cette relation établie entre Vespa et le cinéma italien qui a perpétué la tradition jusqu'à nos jours. Ainsi, le producteur italien Nanni Moretti effectue ses déplacements à Rome sur sa Vespa pendant le tournage du film *Journal intime*. Pour les films se déroulant en Italie, il devient naturel de se déplacer ou même d'être photographié sur une Vespa. Ainsi on compte une ribambelle d'acteurs adoptant ce style : Vittorio Gassman, Alberto Sordi, Sylvia Koscina... De nombreuses stars mondiales sont vues sur une Vespa : Jean-Paul Belmondo, Gary Cooper, Henri Fonda, John Wayne...

La liste des films dans lesquels on voit apparaître une (ou des) Vespa est longue : contentons-nous de citer *Les tricheurs* de Marcel Carné en 1958, où Jacques Charrier emmène Pascale Petit sur une 125 Vespa bicolore, et faisons un bond dans le temps jusqu'à *Octopussy*, l'un des James Bond de John Glen en 1983, où une course-poursuite est engagée entre deux Vespa en Inde.

À l'heure actuelle, Vespa a toujours une place dans le cinéma. La preuve ? Pour le 53e festival du film de Cannes 2000, Vespa est partenaire officiel, et Piaggio a pour cette occasion produit une série limitée de Vespa 125 ET4, 50 ET2 et 125 PX, reconnaissables à leur couleur noire et leur estampille de la Palme d'Or.

Ci-dessus

Anthony Perkins, l'inoubliable acteur de Psychose *d'Alfred Hitchcock en 1960.*

À gauche

Abbe Lane est surtout connue des Italiens car elle présentait une émission télévisée dans les années cinquante.

Ci-dessous

Nadia Grey a su s'imposer dans le cinéma italien mais ne résiste pas au scooter.

La blonde Kim Novak, qui a entre autres tourné pour le grand Alfred Hitchcock dans Vertigo en 1958, prend le temps de rouler à Vespa.

À droite

L'actrice américaine Angie Dickinson prend la pause sur une Vespa. Cette photo sera d'ailleurs utilisée dans le calendrier de 1963.

Jean-Paul Belmondo nous prouve déjà dans les années soixante son dynamisme au guidon d'une Vespa.

Les célèbres acteurs italiens, Vittorio Gassman et Marcello Mastroianni, ne pouvaient manquer la Vespa !

Page de droite

Des films de différents pays utilisent la Vespa, tel que Le journal intime *de Nanni Moretti.*

BANFILM présente
SELECTION OFFICIELLE
CANNES 1994
JOURNAL INTIME
(CARO DIARIO)
une comédie de
NANNI MORETTI
avec NANNI MORETTI RENATO CARPENTIERI ANTONIO NEIWILLER

TROY DONAHUE E SUZANNE PLESHETTE
HANNO
GIRATO
IN
Vespa
PER IL FILM
WARNER BROS.
GLI AMANTI
DEVONO IMPARARE

Télé
Lyon
métro-lyon
Tous les programmes TV
du 20 au 26 février 1999
Haute comme trois pommes, elle déménage !
MADELINE
Actuellement dans les salles

A910
I use the Vespa and like it
William Holden)

Les plus belles actrices, italiennes comme américaines, se font photographier sur une Vespa.

Page de gauche

Il en est de même pour les acteurs américains : Dean Martin, William Holden, Gene Kelly…

Parfois la Vespa se retrouve sur les affiches de festival de film, comme ici pour le 16ᵉ festival du film italien 1993.

Dessin publicitaire de 1955 mettant en avant la famille et les vacances en Vespa.

Dès le lancement du scooter Vespa à la fin des années quarante, Piaggio se voit obligé de se pencher sur une campagne publicitaire adéquate. Dans les séries de brochures, prospectus et supports publicitaires des années cinquante et soixante, Piaggio adopte un style très « chic », en accord avec les traditions italiennes et françaises. Toutefois, sa campagne ne se laissera jamais entraîner dans des polémiques contre la concurrence, n'exaltera pas ses produits par des superlatifs absolus, mais aura plutôt recours à un message sérieux et serein. Au départ, elle se limite à faire connaître la Vespa avec ses avantages. Ensuite, elle rappelle les possibilités d'emploi du scooter, tant pour résoudre les problèmes d'embouteillage et de parking, que pour s'évader à la campagne les week-ends. Vient ensuite une nouvelle phase publicitaire au cours de laquelle Piaggio se préoccupe de démontrer que le scooter est un véhicule convenant à toutes les catégories sociales et même à la gent féminine. C'est l'époque du slogan « Vespizzatevi ! » créé en 1956, que l'on peut traduire par Vespamania.

Dès 1951, Piaggio adapte également Outre-Atlantique ses campagnes publicitaires en fonction de ce nouveau marché, une stratégie qui a déjà fait ses preuves dans différents pays européens. Jusqu'à la fin des années soixante, les campagnes de Piaggio se concentrent sur des affiches et des publicités toujours pleines d'élégance, accompagnées de messages d'information sérieux et sereins.

Les jeunes, les femmes et tous ceux qui, à la fin des années soixante, se battent pour leur propre liberté, vont d'ailleurs être des alliés inattendus en utilisant l'image de la Vespa dans leur revendication pour l'indépendance. De l'influence d'une telle campagne publicitaire Piaggio a conscience et n'hésite pas, par exemple, à utiliser un jeune couple d'amoureux qui a seulement besoin d'une Vespa pour se sentir réellement libre. On verra aussi des Vespa défiler dans des concours de beauté, par exemple avec Miss Italie en tête, parmi des filles qui à cette époque rêvent de faire du cinéma ou de ressembler à Sophia Loren ou Gina Lollobrigida. Autres preuves de la consécration de la Vespa, de sa sublimation comme symbole de son temps, les dizaines de campagnes publicitaires pour les produits les plus divers, qui dans le monde entier utilisent son image consensuelle pour les valoriser.

Au début des années cinquante, la publicité est simple : présentation du modèle, prix et modalités de paiement, sans oublier le slogan « la petite voiture à deux roues ».

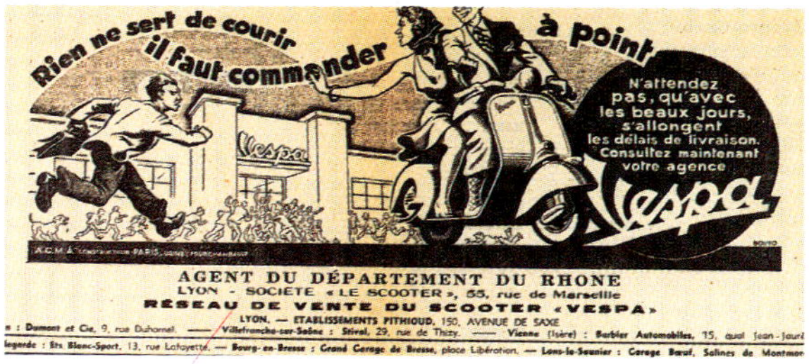

Ci-dessus

Une publicité italienne vante le silence de la Vespa.

Ci-dessus à droite

Certaines publicités s'adressent déjà aux jeunes.

Au milieu à droite

En France, on conseille de commander son scooter dès à présent pour l'avoir à temps.

À droite

La publicité française est reconnue comme la plus élégante. Ainsi, cette joyeuse silhouette rappelle que la Vespa convient à tout type de clientèle.

En haut à gauche

Six raisons d'avoir une Vespa : pour partir en vacances, se rendre au bureau, à l'usine, à la chasse, effectuer des livraisons, et exercer plus rapidement sa profession de médecin.

Au millieu

Un graphisme plus stylisé et chatoyant est utilisé pour ce dessin publicitaire de 1955.

Ci-dessus et à gauche

Ces dessins publicitaires de 1955 jouent sur la notion de beauté : « les beaux dimanches » ou « les belles vacances ».

À gauche

Avec les années soixante-dix, les notions de nature et de liberté sont mises en avant.

À droite

Le slogan « sardomibili » met en avant la liberté de circuler en deux-roues par rapport à l'auto.

Au fur et à mesure que les années passent, le langage publicitaire évolue. En 1969, alors que la jeunesse réveillée par 1968 et par le mouvement hippy proteste et lance des messages de paix et d'amour, c'est au tour de Piaggio de récupérer « l'air du temps » ; c'est l'époque du slogan *Chi Vespa mangia le mele !* autrement dit « Qui aime Vespa croque la vie ! ». Cette célèbre affiche réalisée par l'agence de publicité Leader à Florence représente une pomme (souvent croquée sur deux côtés).

Les campagnes publicitaires de Piaggio ont souvent « surfé » sur la vague de l'air du temps, comme on dit aujourd'hui, et ce slogan est ainsi la récupération du climat turbulent et créatif de la période post-1968. Visant le jeune public, Leader élabore une campagne pouvant exprimer un fort esprit d'avant-garde, s'inspirant des recherches en matière de design et de couleurs également utilisées dans le Pop Art.

Les campagnes suivantes exploitent et développent les thèmes des années soixante-dix déjà abordés avec « Qui aime Vespa croque la vie ! ». En 1972, c'est le tour de la « Sardomibili » (que l'on peut traduire par « Sardinomobile »). La pomme est remplacée par des sardines à quatre roues, un clin d'œil aux automobilistes coincés dans les bouchons comme des sardines dans une boîte. Cette campagne publicitaire met pour la première fois en avant la protection de l'environnement face au monde adulte anti-écologique et délabré de cette époque. Vespa apparaît par conséquent comme un véhicule soucieux de l'environnement, et s'oppose au monde gris, étouffant et névrosé du quatre-roues.

Ci-dessous

De nombreux produits, souvent synonymes d'évasion, de grâce ou de féminité, utilisent le scooter Vespa : ainsi les Saint Frères et leur Nichette…

En haut à gauche

… ou Chamoyal pour sa ligne de manteaux.

Au millieu

… ou Forvil pour son eau de Cologne et sa super-brillantine Poème.

À gauche

… ou les bas Scandale.

Vespa et ses publicitaires

Ci-contre

La célèbre affiche de Raymond Savignac semble dire : « Je suis heureux car je roule avec ma Vespa en direction du soleil ! ».

À droite

Quant à l'affichiste italien, Ernesto Carboni, il prétend que Vespa est partout dans le monde.

Ci-dessous et en bas à droite

Célèbres publicités de l'agence Leader Chi Vespa mangia le mele ! *ou « Qui aime Vespa croque la vie ! » dont le directeur artistique n'était autre que Gilberto Filippetti.*

En France, les publicités sont dessinées par le célèbre affichiste Raymond Savignac, dont l'humour graphique moderne est omniprésent dans ses œuvres. Né à Paris en 1907, il travailla avec Adolphe Cassandre, peintre, décorateur de théâtre et auteur d'affiches d'un style hardiment synthétique dans les années trente. Ses campagnes publicitaires, telles celles de Monsavon, Cinzano, Renault et Citroën, sont entrées dans la légende.

Puis d'autres artistes, Ernesto Carboni, Gilberto Filippetti, Léo Longanesi, Sandro Scarsi et Bernard Villemot suivent la même démarche en créant des affiches pour Vespa qui font partie de l'histoire de la publicité.

Bernard Villemot fut un élève de Paul Colin, peintre et décorateur célèbre pour ses affiches d'un style ramassé, très plastique, qu'il produisit en grand nombre depuis celle de la *Revue nègre* en 1925. Il travailla à Paris en tant qu'affichiste après la Seconde Guerre mondiale, et parmi ses clients comptaient Air France, Bally, Perrier et Vichy. Il fit également une exposition mémorable avec Raymond Savignac.

À gauche

Sandro Scarsi compare la robustesse de la Vespa à celle d'un éléphant.

Ci-dessus

Bernard Vuillemot proclame avec cette affiche et ses silhouettes : « Ne courez plus... roulez Vespa... roulez Vespa ».

Ernesto Carboni est né en Italie en 1899 et mort en 1984, il est l'un des pères de l'art graphique publicitaire en Italie. Il est connu pour ses campagnes pour Barilla, Pavesi, Olivetti, Pirelli et Bertolli. Il a également conçu le logo original de la chaîne de télévision RAI et a monté de nombreuses expositions, montrant une touche très innovante.

Gilberto Filippetti fut pendant plus de trente ans le directeur artistique de l'agence Leader à Florence. Il a connu, entre autres, les deux plus célèbres campagnes publicitaires pour Piaggio : « Qui aime Vespa croque la vie ! » et le Sardomibili, qui ont contribué à moderniser la publicité en Italie.

Léo Longanesi est né en Italie en 1905 où il est mort en 1957. Écrivain, journaliste, peintre et éditeur, il a son nom lié à la fondation de la maison d'édition de son homonyme et à la direction de l'hebdomadaire *Li Borghese*. De plus, ses dessins détiennent un sens particulier de l'humour, du plus pur style du XIXe siècle.

Sandro Scarsi fut affichiste de l'école française et doit son succès à la plupart des affiches qu'il réalisa pour Vespa dans les années soixante. Il se distingua par son trait épais et son goût pour les couleurs chaudes et élégantes.

Ci-contre

Léo Longanesi publia dans Il Borghese *cette publicité qui se base sur un croquis intelligent et spirituel.*

1.4. Vespa et l'art

Notre Gilbert Bécaud national chante pour la Vespa avec Ça c'est formidable.

Quadrophenia, *film-culte des Mods, fait apparaître, on s'en doute, des scooters : essentiellement des Lambretta, mais aussi quelques Vespa.*

À droite

Gilbert Bécaud chante des chansons inédites spécialement dédicacées à ses amis vespistes : Salut les copains, Quelle joie ! *ou* Si… si, si, si la vie est belle !

Ci-dessous

Quelques couvertures de disques où apparaît le scooter Vespa : The Playmates, Don Elliott.

Vespa se retrouve souvent liée à des mouvements musicaux, notamment celui des Mods, mouvement anglais des années soixante. Les Mods, jeunes gens « propres » par opposition aux « crasseux » rockers qui roulaient à moto suintant l'huile, se reconnaissaient parfaitement dans le scooter, véhicule propre qui cristallisait leurs espoirs d'une Angleterre plus facile à vivre, plus aisée. Le scooter préféré du Mod est sans doute le Lambretta, l'éternel rival de la Vespa, mais cette dernière est évidemment choisie par certains d'entre eux. L'évidence du rôle de Piaggio se retrouve sur les couvertures des trente-trois tours vinyles et des films anglais tels que *Quadrophenia* de Franc Roddamp, inspiré de l'opéra-rock de 1979 du célèbre groupe les Who, et interprété entre autres par une future rock-star d'envergure mondiale, Sting, également leader du groupe Police, alors pratiquement inconnu. Citons aussi le film *Absolute beginners* de Julian Temple, en 1986, avec le célèbre chanteur David Bowie.

Par ailleurs, on retrouvera certaines fois la Vespa sur la couverture de trente-trois tours allant du jazz à la variété française : The Playmates, Don Elliott, Delta Rhythm Boys, Basie Rides, Gilbert Bécaud…

La littérature non plus ne pouvait manquer d'être investie par la Vespa, et dans quelques récits et romans, le scooter de Pontedera apparaît en tant que protagoniste ou tient un second rôle. Parmi les livres les plus connus, on peut citer *Vacances romaines* d'Odette Ferry aux éditions Robert Laffont, *Ma Vespa, ma femme et moi* de Françoise et Daniel Sauvage aux éditions Gallimard et *The little cabbages* de Georges Mikes aux éditions Allan Wingate. Parmi les écrivains qui ont cité la Vespa, on peut mentionner John Steinbeck et plus récemment Stephen King.

En bas à gauche

Un échantillon des livres où le petit scooter de Pontedera est mis en avant : Ma Vespa, ma femme et moi *de Françoise et Daniel Sauvage...*

Puis vers la fin des années soixante, les bandes dessinées connaissent leur heure de gloire et deviennent populaires. Par conséquent, il n'est pas surprenant de reconnaître la silhouette d'une Vespa dans des albums de BD, en Italie comme à l'étranger.

Et quand deux jeunes Espagnols décident d'effectuer un tour du monde sur une Vespa 150, l'illustre peintre Salvador Dali lui-même décore le scooter. C'était en 1962, le tour dura 79 jours et le parcours établi fut de 18 950 kilomètres. De nos jours, ce scooter est devenu une œuvre d'art de temps en temps exposée comme lors de l'Eurovespa de 1999 à Gérone ou à l'exposition du musée Guggenheim à Bilbao, sur le thème « l'art et la moto ». Toujours en peinture, citons encore une œuvre de Renato Guttuso, faisant actuellement partie de la collection de Rockefeller, qui représente deux amoureux en fuite sur leur Vespa. Enfin, aux États-Unis, on n'hésite pas à exposer une Vespa (même si elle n'est pas signée par Dali) au musée de Guggenheim de New York comme un exemple d'art dans le domaine du deux-roues. Décidément la Vespa ne cessera jamais de nous étonner !

Ci-contre

Le dessinateur de bandes dessinées Jano n'a pu résister à l'envie d'illustrer une Vespa en compagnie de son rat zonard.

IL MORALISTA
THE MORALIST **LE MORALISTE**

« Quick » - Berlin)

AUTO - STOP

L'ANTENATO
THE ANCESTOR **L'ANCETRE**

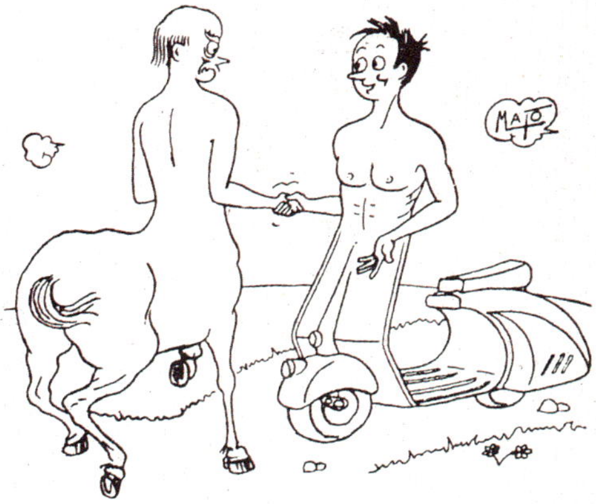

— **Buon giorno nonno !**
— **Hi there Grandpop !**
— **Bonjour, Grand Pére !**

(« Moto cicles » - Paris)

(Motorcycling - London)

Extraits de l'album Vespa humor publié par Piaggio en 1955 avec l'auto-stop, le moraliste ou l'ancêtre.

D'autres extraits de dessins humoristiques avec la Vespa.

2.1. Piaggio avant Vespa

Portrait de Rinaldo Piaggio, qui reprend le flambeau de son père Enrico en 1884.

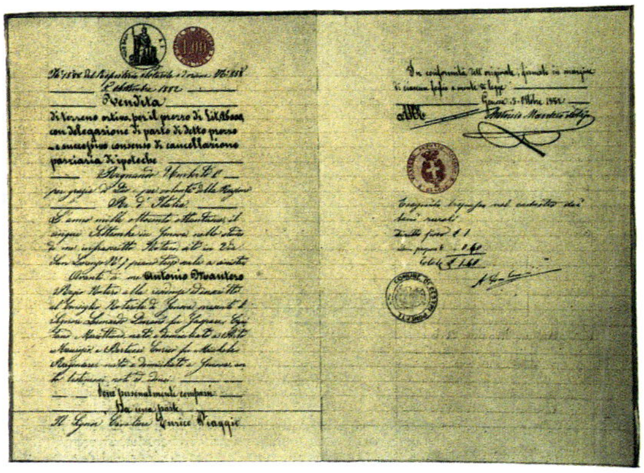

L'acte de vente à Enrico Piaggio d'un lopin de terre à Sestri Ponente daté du 8 septembre 1882 pour 25 000 lires.

La fabrique de Sestri Ponente en 1884 devenue la « Rinaldo Piaggio Cie », est essentiellement basée sur la fabrication de meubles en bois pour navires.

À la fin du XIXe et au début du XXe siècle, l'Italie, récemment constituée en royaume, est dans une phase de grand progrès économique et de développement industriel.

L'entreprise Piaggio voit le jour en 1882. Nous sommes le 5 septembre et Enrico Piaggio, un Italien de Gênes, achète un lopin de terre à Sestri Ponente, dans l'une des régions industrielles les plus importantes du pays : exactement 4 800 m^2, pour 25 000 lires. L'usine de Sestri débute ses activités par une scierie et un chantier de bois. Cette affaire est vite prometteuse, mais dans cette aventure Enrico est seul et se fait vieux. Son jeune fils Rinaldo, né en 1864, fonde en 1884 la « Rinaldo Piaggio Cie », qui va fabriquer des meubles et agencements pour grands navires.

Trois ans plus tard, en 1887, Rinaldo, alors âgé de vingt-trois ans, prend totalement la relève de son père. La presse génoise de l'époque relate que les gros bateaux mis à la mer par le chantier naval de la côte ligurienne sont pratiquement tous entièrement meublés par les charpentiers de la société Piaggio. Ces réalisations permettent à la jeune société de Rinaldo de se faire un nom dans ce domaine dans toute l'Italie : au total, soixante-trois bateaux sont équipés par l'usine de Sestri, parmi eux des bateaux de passagers légendaires, tels le *Marco Polo*, le *Cristofo Colombo* ou le *Galileo Galilée*, de la Navigazione Generale Italiana. Le *Marco Polo*, le plus célèbre d'entre eux, n'est pas très gros (1 514 tonnes) mais il est rapide et capable d'accueillir jusqu'à cent quatre-vingt-dix voyageurs dans des cabines luxueuses. En 1899, il accueille même à son bord la reine Margherita pour une longue croisière sur la mer Méditerranée. C'est grâce à de telles réalisations que Piaggio reçoit des prix lors d'expositions et de salons, comme à Gênes en 1892, puis à Paris en 1900, Milan en 1906 et Turin en 1911.

Au début du XXe siècle, l'Italie est en plein essor industriel. La construction de voies ferrées, impliquant une forte demande en acier et devenant stratégique dans l'unification des marchés nationaux, y tient naturellement un rôle de grande importance. Rinaldo, sentant l'énorme possibilité de croissance de ce domaine, dirige les activités de l'usine de Sestri vers la construction de matériels roulants pour chemins de fer. Cependant dans un premier temps, la production de meubles pour grands navires n'est pas suspendue.

La compagnie Piaggio connaît un accroissement rapide. En avril 1908, une nouvelle firme est fondée, la « Finale marina Cie pour la construction de bogies » à Finale Ligure, sur la côte ligurienne. L'usine couvre près de 25 000 m^2 et démarre sa production avec trois cents ouvriers. Les années suivantes, elle couvre un total de 50 000 m^2 et

L'usine de Sestri Ponente au début du XXe siècle produit toujours des meubles pour grands navires, mais aussi des matériels roulants pour chemins de fer.

L'intérieur d'un bateau de la Navigation d'Italie de 1900.

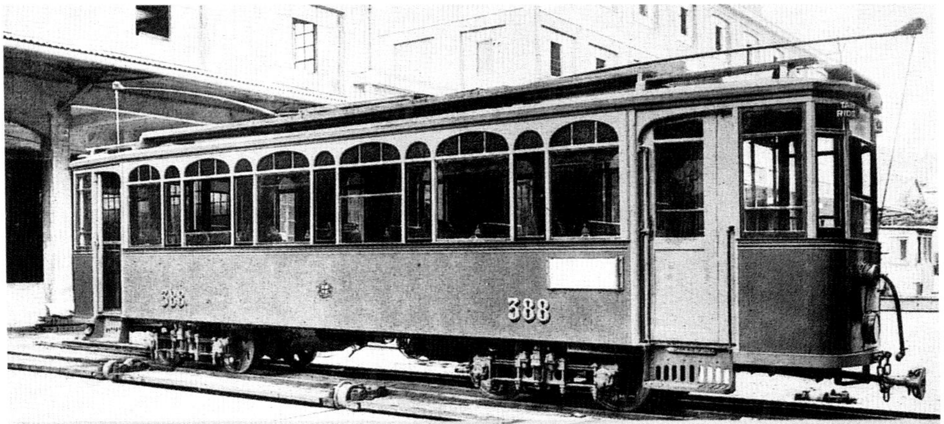

Un des tramways Piaggio qui étaient souvent vus dans les rues d'Italie.

Un wagon de chemin de fer conçu spécialement pour la poste.

Ci-dessous

Une revue de presse de la Piaggio & Cie en plein accroissement.

compte sept cents ouvriers et cinquante employés de bureau. L'économie galopante de ce début de siècle ainsi que le développement des affaires à Gênes persuadent Rinaldo que Piaggio peut et doit s'étendre dans tous les secteurs d'activités concernant le transport. Il est vrai que l'industrie, tant au niveau national qu'international, est en train d'évoluer dans ce secteur. En fait, en véritable homme d'affaires, Rinaldo devine que de grandes opportunités d'expansion vont se présenter dans ce domaine grâce au développement technique.

En 1914, au début de la Première Guerre mondiale, la production industrielle de l'Italie s'accroît de façon stupéfiante. Piaggio prouve qu'il est capable de faire avancer ses activités en fonction de la tendance générale de l'économie et exploite les opportunités du moment. Il commence la production de camions d'artillerie, d'embarcations métalliques servant à la fabrication de ponts flottants, de gros bateaux de sauvetage et de bateaux anti-sous-marins MAS. Les rapides vaisseaux de guerre construits dans le chantier naval de Finale Ligure équipent les troupes d'assaut de la marine royale d'Italie.

Et c'est pendant la guerre que Piaggio démarre une production aéronautique qui deviendra sa principale activité à la fin du conflit. La production des premiers avions, construits sous licence, permet aux techniciens et employés de développer les compétences nécessaires pour réussir dans ce

À gauche

Le biplan FBA de 1915 marque le début de Piaggio dans l'aéronautique.

Ci-dessous

L'usine de Finale Ligure est acquise en 1908 pour la construction de bogies puis d'avions.

L'usine de Sestri Ponente est transformée pour la production aéronautique. Ici, on aperçoit des Caproni 600.

domaine si particulier. Le biplan FBA est fabriqué à Pise, dans la dernière usine acquise par Piaggio, et à Finale Ligure sous licence Caproni.

Les années qui suivent la Première Guerre mondiale sont marquées par les premiers vols de longue distance ainsi que les records battus par les héroïques pionniers de l'aviation. En Italie, le premier avion prend son envol en 1909, dans la province de Pise, et la même année est fondée la compagnie d'aviation Antoni. L'aéroport Arturo Dell'Oro, à Pise, atteste d'un trafic aérien intense pendant les premières décennies du XXe siècle.

Mais l'aéronautique n'est pas une mince affaire ! Rinaldo Piaggio le sait et n'hésite pas à s'entourer d'un groupe de techniciens compétents. L'expérience acquise dans le domaine maritime est utile au développement des produits aéronautiques Piaggio. Les premiers avions de fabrication Piaggio sont en fait des hydravions. Ils jouissent d'une grande popularité pendant cette phase de développement aéronautique. Les premiers vols réguliers s'effectuent grâce à ces hydravions qui représentent pour l'époque des chefs-d'œuvre de technologie et de créativité.

Rinaldo croit fort à l'expansion du secteur aéronautique. En 1917 il rachète l'« Officine Aeronautiche Oneto » de Pise, et en 1921 il participe à la fondation d'une nouvelle firme aéronautique, la CMASA. Cette dernière, dont les bureaux se trouvent à la

Le prototype P 3 est équipé de quatre moteurs SPA 6-A. Il s'agit du tout premier avion Piaggio en date de 1923.

Le monomoteur P 2, muni d'ailes cantilever, en cours de fabrication à Sestri Ponente en 1923.

Le Dornier Wall fabriqué à Finale Ligure en 1926.

L'hydravion P 7, conçu par Pegna en 1927 pour concourir à la coupe Schneider, la plus célèbre compétition d'hydravions.

marina de la ville de Pise, est née de la collaboration avec Dornier Metallbauten, constructeur des célèbres hydravions Dornier Wal. Quelques années plus tard, la CMASA fait partie du groupe « Società di Navigazione Aerea Italiana » qui dessert toute la Méditerranée.

En 1922, Rinaldo Piaggio reprend la « Costruzioni Meccaniche Nazionali », une usine localisée à Pontedera en Toscane, entre Pise et Florence, fabriquant des moteurs automobiles et aéronautiques. C'est à ce moment que Piaggio débute la production de moteurs Jupiter, sous licence Gnome & Rhône.

Mais le véritable tournant de l'aventure Piaggio dans le secteur aéronautique se fait avec la production d'avions réellement siglés Piaggio, grâce à l'ingénieur Giovanni Pegna. Ainsi le P 3 est un grand biplan de bombardement, équipé de quatre moteurs SPA 6-A, entièrement conçu et fabriqué par Piaggio en 1923. Mais le projet n'est pas poursuivi et prend fin peu après la construction du prototype. Puis, la même année, un autre avion Piaggio voit le jour à l'usine Sestri Ponente. Il s'agit du P 2, un monomoteur de chasse à ailes cantilever. Ce projet atteste du travail de recherche et de l'expérience des techniciens et ingénieurs de Piaggio au début des années vingt.

À la fin de la seconde décennie, l'aéronautique est le domaine industriel où les pays peuvent mesurer leur niveau de technologie : en 1927, l'Américain Charles Lindberg est le premier à traverser l'océan Atlantique sans escale de New York (USA) au Bourget (France). C'est le début de la chasse aux exploits pour les avions de records. La Coupe Schneider est la plus célèbre compétition d'hydravions et Piaggio décide de participer avec son prototype P 7, créé à cette occasion par l'ingénieur Pegna. Avec des caractéristiques techniques telles que le système à double propulsion nécessitant une hélice spéciale, le P 7 marque à sa manière l'histoire aéronautique.

La même année, en 1927, Giuseppe Gabriella, un jeune ingénieur, est engagé pour collaborer avec Giovanni Pegna. Ensemble, ils amènent Piaggio à un haut niveau de technologie, nécessaire dans un domaine dynamique tel que l'aéronautique. Qui plus est, ils convainquent Rinaldo de poursuivre la même stratégie d'avant la Première Guerre mondiale, c'est-à-dire de diversifier la production et de toujours augmenter les efforts dans le domaine aéronautique. Du coup, les développements et améliorations techniques des projets aéronautiques de Piaggio se font surtout dans les années trente. Le P 16, un bombardier de 1934, est le premier avion tout en métal entièrement conçu et fabriqué par Piaggio. Il est doté d'un train d'atterrissage rentrant ainsi que d'hélices à pas variable conçues par Corradino d'Ascanio, ainsi que de trois moteurs PXI fabriqués à l'usine de Pontedera.

Avec le P 23, dont plusieurs versions sont produites entre 1935 et 1937, les techniciens de Piaggio s'attaquent à la conception d'un grand avion-cargo alliant vitesse et lourde charge. En effet, le P 23, à sa manière, marque la société Piaggio. Les avions et moteurs Piaggio sont vendus dans plusieurs pays : en Europe centrale et Europe du Nord ainsi qu'en Amérique du Sud. La compagnie commence à diriger ses attentions vers le marché international. D'ailleurs, cette orientation s'achèvera seulement avec la production en masse des scooters Vespa après la Seconde Guerre mondiale. Mais, pendant ce temps, par le biais de publicité et d'affiches dans les journaux et divers magazines, Piaggio continue à attirer des clients potentiels, exaltant la grande qualité de ses produits aéronautiques manufacturés à Sestri, Finale Ligure et Pontedera.

En 1936, Giovanni Pegna quitte son travail d'ingénieur-concepteur chez Piaggio. Il est remplacé par Giovanni Casighari, un ingénieur au savoir-faire reconnu, qui arrive des USA où il a fait ses classes dans la « Weco Aircraft » à Troy. La griffe de ce nouveau concepteur est tout de suite évidente avec le P 50, un prototype de bombardier monomoteur en 1937. À partir du développement de cet avion, Casighari crée le P 108 doté de quatre moteurs en étoile P XII de dix-huit cylindres développant un total de 1 750 chevaux. Dans sa version bombardier, cet avion se présente comme l'un des plus avancés de son époque. Avec lui, Piaggio commence à rivaliser avec les grands fabricants aéronautiques du monde, et même avec le célèbre B 17 américain « Flying Fortress » (« Forteresse volante »).

Giovanni Casighari crée parallèlement une version pour voyageurs, le P 108 C, avec des cabines pressurisées et air conditionné pouvant contenir jusqu'à trente-six personnes. Sa vitesse de vol est de 470 km/h pour une altitude avoisinant les 4 000 mètres.

Le P 16, un bombardier doté de trois moteurs PXI RC et d'hélices à pas variable en 1934.

Le bombardier P 50, muni de moteurs PXI RC 40, est le premier conçu par Casighari en 1937.

L'un des quatre moteurs en étoiles PXII de dix-huit cylindres du plus célèbre avion Piaggio, le P 108.

Le moteur en étoiles Piaggio XI RC remporta le record, toujours invaincu, de l'altitude maximale pour un avion à moteur thermique à pistons, soit 17 083 mètres.

Une version pour effectuer le transport de pièces et autres est également conçue avec le P 108 T. Plus que bien pour l'époque !

Entre 1937 et 1939, les avions et moteurs Piaggio remportent pas moins de vingt et un records du monde : en 1938, le P 23 établit le record de vitesse de 403 km/h sur 1 000 et 2 000 kilomètres avec une charge de cinq tonnes. Un de ces records reste d'ailleurs invaincu, celui de l'altitude maximale atteinte par un avion à moteur thermique à pistons. En effet, à l'aéroport Guidonia, le capitaine Mario Pezzi s'envole dans son Caproni Ca-61 équipé d'un moteur en étoiles Piaggio P XI RC de 700 chevaux, et atteint 17 083 mètres d'altitude !

Mais si ces progrès aéronautiques font de Piaggio l'une des plus importantes sociétés de l'industrie italienne, en parallèle elle ne néglige pas le secteur ferroviaire, d'autant plus que le train est le principal moyen de transport des Italiens. Les usines liguriennes produisent des trains de marchandises pour la poste italienne, et même des wagons commissionnés par la famille royale : soit une voiture pour la reine-mère, une pour le prince, une pour le duc d'Aoste et trois autres pour la suite princière. En effet, pendant la première décennie du XXe siècle, les chemins de fer du royaume d'Italie passent une importante commande de wagons de fret ainsi que de voitures pour voyageurs, et quelques compagnies privées réclament des wagons spéciaux pour le transport de marchandises liquides ou dangereuses à Piaggio.

Dans les années vingt et trente, Piaggio connaît un autre succès considérable avec la fabrication de tramways. Jusqu'au déclenchement de la Seconde Guerre mondiale, ceux-ci sont achetés par d'importantes villes italiennes. Également dans les années trente, grâce aux nouvelles technologies de soudure, Piaggio construit des wagons en acier et aluminium.

En avril 1937, la OMACO (Usines mécaniques d'Afrique orientale) est fondée avec un capital d'un million de lires. Deux usines sont construites, l'une à Gura et l'autre à Addis-Abeba en Éthiopie. Le directeur général n'est autre que le jeune fils de Rinaldo Piaggio, Enrico, né le 22 février 1905, alors que son frère Armando est au siège du conseil d'administration. L'activité de cette société est basée sur « la construction et la réparation de moteurs à combustion interne pour toutes applications : aéronautique, bogies, tramways et matériels roulants de toutes sortes ».

Mais Rinaldo Piaggio se fait vieux. Jusqu'aux dernières années de sa vie, il tient à contrôler la société Piaggio et a le pouvoir décisionnaire. Après sa mort, en janvier 1938, les rênes sont reprises par ses fils, Enrico et Armando. Âgé d'à peine trente-trois ans avec un diplôme d'économie en poche, Enrico hérite du commandement de l'usine de Pontedera. Il l'oriente uniquement vers le secteur aéronautique et en huit ans, l'usine s'accroîtra de 4 800 à 44 600 m^2 et le nombre d'employés passera de 136 à 6 950. Enrico a un penchant inné pour l'organisation : rapide à prendre des décisions et courageux dans ses choix stratégiques. Sous sa direction, l'usine Toscane à Pontedera devient l'établissement le plus important de la société Piaggio.

En 1940, l'Italie, dirigée par le régime fasciste de Mussolini, rentre en guerre aux côtés de l'Allemagne, ayant signé l'année précédente le pacte d'Acier avec le IIIe Reich d'Hitler.

Quant à la société Vespa, et essentiellement l'usine de Pontedera, la production des puissants moteurs dix-huit cylindres en étoiles P XII du P 108 B, devenu l'un des plus grands bombardiers de la Seconde Guerre mondiale, ne peut que la désigner comme cible de guerre. Les autorités militaires allemandes ordonnent à Piaggio de transférer ses activités à Biella, dans le Piedmont.

Mais l'usine de Pontedera attire tout de même l'attention des Alliés et endure plusieurs lourds bombardements. Pourtant, dès l'été 1945, la pleine production revient en Toscane. Avec le consentement des Alliés, Piaggio démarre la reconstruction de ses installations. Les difficultés on s'en doute sont énormes : un important matériel a été transféré en Allemagne, il n'y a pas d'électricité et les matières premières sont rares. Pourtant à Pontedera, on parle à nouveau de production.

Revenons en 1934, où l'arrivée de Corradino d'Ascanio donne à Piaggio un concepteur aéronautique de première classe. Ce brillant ingénieur, né en 1891 à Abruzzo, fut diplômé de Polytechnique à Turin en 1914. Après une expérience de quelques années aux USA, d'Ascanio travailla avec acharnement à la mise au point d'une hélice de portance pour hélicoptère. En 1930, le prototype de cet hélicoptère, équipé d'un moteur Fiat A50 S, décolla de l'aéroport Ciampino de Rome pour battre le record du monde en durée (presque neuf minutes) et en distance (1 028 mètres). Le succès de d'Ascanio suscita l'intérêt des experts aéronautiques de l'époque et c'est à ce moment-là que Giovanni Pegna en parla à Rinaldo Piaggio. Ainsi quatre ans plus tard, débute la collaboration de Piaggio avec Corradino d'Ascanio.

D'Ascanio a la possibilité avec Piaggio de développer ses idées les plus novatrices. Ainsi il conçoit une hélice à pas variable et le premier hélicoptère de l'ère moderne avec le PD 3 en 1940. Puis il se retrouve tout naturellement responsable d'un autre hélicoptère, le PD 4, en 1952. Leur développement continuera jusqu'aux années cinquante et clôturera définitivement l'aventure de Piaggio dans le domaine aéronautique.

2.2. Naissance de la Vespa

La Vespa de Piaggio se retrouve souvent sur les couvertures des revues de deux-roues.

Durant l'été 1945, Enrico et Armando Piaggio, héritiers de leur père Rinaldo, commencent à reconstruire leurs usines détruites pendant la Seconde Guerre mondiale. Du Piedmont où ils ont déménagé durant le conflit, les ouvriers ainsi que le matériel sont réinsérés dans les installations de Sestri Ponente, Ligure Finale et Pontedera. L'usine de Toscane est cependant pratiquement détruite et Enrico, à qui revient la charge de la reconstruire, doit partir de zéro. Il bénéficie heureusement de l'aide des Forces alliées ainsi que du soutien financier du Plan de reconstruction.

Enrico Piaggio, alors âgé de quarante ans, dirige l'usine de Pontedera pendant cette période de reconstruction difficile mais stimulante. Il insiste pour être tenu informé de chaque aspect des activités de sa firme. Doté d'une forte personnalité mesurée par un caractère affable, il dirige ses actions vers un triple but de production, de distribution et de sélection des cadres, qui vont assurer le succès de la firme.

Enrico croit fort à ses idées, au point de souvent défier les clichés et le scepticisme du monde des affaires. Il remet sa confiance entre les mains de quelques collaborateurs extrêmement loyaux : Francesco Lanzana, le directeur général de l'usine de Pontedera, ainsi que l'ingénieur Corradino d'Ascanio, qui lui sont très proches. Piaggio croit dans la recherche scientifique et dans l'innovation. Il tient également ouverte une coopération avec l'université de Pise, laquelle en 1951 lui remettra le diplôme *honoris causa* d'ingénieur technique et mécanique.

C'est l'époque où l'entreprise d'Enrico Piaggio, faute de commandes, doit choisir entre la fermeture ou une reconversion de son activité. C'est la seconde qui est retenue et l'usine de Pontedera se retire totalement de l'aéronautique. En effet, Enrico a compris la mutation qui s'opère dans la société italienne. L'exode rural s'intensifie et cette urbanisation s'accompagne de mutations socioprofessionnelles. Les ouvriers remplacent les paysans et ils ont des besoins de mobilité supérieurs. Mais dans cette période difficile économiquement, il faut se déplacer à moindre frais : à bicyclette certes, mais on peut tout de même se permettre un peu mieux. C'est décidé, on va plancher sur un deux-roues léger motorisé.

C'est l'ingénieur Renzo Spolti qui « tire le premier » et présente son prototype, le MP5, c'est-à-dire « Moto Piaggio 5 ». En fait l'idée est géniale ! On peut même dire que la Vespa est déjà en germe dans le petit engin. Il s'agit d'un scooter que les employés surnomment « Paperino » (Donald Duck en italien), sans doute à cause de sa bonne bouille toute ronde.

Pourquoi géniale ? Parce que, comme nous l'avons dit, les « nouveaux » Italiens, comme tous les Européens occidentaux, rêvent de modernité. Et quel meilleur symbole de la modernité que l'automobile ? Mais comme on sait, l'automobile n'est absolument pas à la portée du plus grand nombre. D'ailleurs, quand bien même aurait-on les matières premières nécessaires pour les construire ?

Le concept du scooter est génial pour un faisceau de raisons : on pourra matériellement le construire, qui plus est à un prix

On doit à Renzo Spolti la toute première ébauche de la Vespa avec la MP5, plus connue sous l'appellation de Paperino.

acceptable. C'est un véhicule plus propre que la moto, protégeant nettement mieux son pilote des intempéries. Mais surtout il est fortement connoté ! Avec lui, son propriétaire accède (inconsciemment le plus souvent) à la modernité (le concept est nouveau), à un ersatz d'automobile (même si elle n'a que deux roues), et sans doute même à la propriété privée (rêve de cette petite bourgeoisie en devenir qui caractérisera les « trente glorieuses », cette période du boom économique s'étalant de 1945 à 1975).

Mais du germe au fruit, il y a un pas qu'Enrico Piaggio ne franchit pas. Le Paperino est certes fabriqué à quelque cent exemplaires à l'usine de Biella, mais son air

Le prototype de la Vespa, le MP6, est présenté à la presse en avril 1945.

empâté, ses capotages recouvrant un cadre tubulaire assez classique, son moteur monocylindre deux-temps de 98 cm^3 à transmission automatique par variateur, ses petites roues de 4,00 x 10, ne séduisent pas suffisamment le « patron », qui comprend toutefois l'intérêt du concept.

Il confie à son proche collaborateur Corradino d'Ascanio le soin de faire évoluer le MP 5. En fait, d'Ascanio reçoit les consignes suivantes : concevoir un engin simple, pratique, robuste et en même temps élégant, qui peut être conduit par quiconque avec facilité, sans se salir et pouvant prendre un passager. Corradino d'Ascanio, qui n'apprécie pas spécialement les motos, s'appuie essentiellement sur son expérience aéronautique. Il imagine de remplacer le cadre par une coque autoporteuse. C'est la seconde idée géniale ! Ainsi il fait d'une pierre deux coups, comme on le fait aujourd'hui en automobile : pourquoi faire une moto alourdie de tôles de carrosserie, quand cette carrosserie – si elle est bien conçue et réalisée, ce que permet la « qualité aviation » – peut remplir ces deux offices tout en étant plus légère, et moins coûteuse à produire en grand nombre ? Et puis, autre idée intéressante et simple « comme l'œuf de Christophe Colomb », positionner le moteur directement sur la roue arrière, faisant du même coup l'économie de la transmission secondaire ! La roue avant est quant à elle directement inspirée du train d'atterrissage d'un avion : fixation par un seul côté, qui permet de la changer facilement. D'ailleurs les deux roues sont interchangeables, ce qui permet d'envisager une roue de secours... comme sur une automobile. Enfin, le tablier protège du mauvais temps et contribue à remporter un certain succès, notamment auprès des Italiennes qui commencent à avoir une place dans la société.

À la fin de 1945, le prototype MP6 n'a pas encore de nom commercial lorsqu'il est présenté à Enrico Piaggio. Celui-ci s'exclame : « Il ressemble à une guêpe (vespa en italien) ! » Et l'appellation « Vespa » est restée.

Le 23 avril 1946, à midi, au bureau des brevets d'invention du ministère de l'Industrie et du Commerce de Florence, Piaggio & Cie dépose le brevet d'une « moto d'une complexité rationnelle d'organes et d'éléments alliés à un cadre-garde-boue et un carénage enveloppant totalement la partie mécanique ».

Les quinze premières unités construites dans la foulée quittent l'usine de Pontedera et sont présentées au Club de golf de Rome en présence des plus hautes autorités. Une semaine plus tard, la Vespa fait la couverture du magazine bimensuel italien *La Moto*. Mais le lancement sur le marché du nouveau scooter ne suscite pas immédiatement la réaction espérée, provoquant la curiosité et la surprise, mais également la critique des journalistes et du public, évidemment trop conservateurs, ne comprenant pas l'étendue de la nouveauté.

Afin de s'assurer que la Vespa sera largement distribuée sur le marché, Enrico Piaggio se tourne vers Guzzi, la marque italienne réputée pour ses motos, prêt à voir son propre scooter commercialisé sous la marque Guzzi. Mais aucun accord n'est conclu et l'affaire s'arrête là, Guzzi considérant la Vespa comme un produit voué à l'échec.

Bien que de nombreux experts dans le domaine rejettent dans un premier temps la Vespa, ne la voyant pas comme un engin en avance sur son temps, Enrico Piaggio n'hésite pas à faire démarrer la production. Pourtant, au départ, il n'est pas facile de vendre le premier lot de 2 000 unités ou plus exactement 2 484. En effet, avec la naissance du scooter Vespa, Piaggio doit entrer dans un nouveau système de commercialisation qui lui est totalement inconnu puisque jusque-là ses produits s'adressaient uniquement au domaine public avec l'aéronautique et le chemin de fer.

Piaggio se trouve presque immédiatement confronté au problème de forger une image pour son scooter. En effet, le fait d'avoir introduit un tel véhicule innovant rend les choses somme toutes plus difficiles. La société essaie donc de communiquer sur un mode qui mélange sobriété et audace, sans oublier de souligner le prix alléchant de la Vespa. C'est que, eu égard à ses caractéristiques en accord avec les attentes de la société italienne de 1946, la Vespa est d'office destinée à attirer un très large public.

D'abord, Enrico trouve un accord pour faire distribuer la Vespa dans le réseau des automobiles Lancia, et son premier lancement « au sommet » a lieu dans les salons Lancia, où elle est exhibée à côté d'exclusivités du constructeur qui revendique une image de prestige et de grande classe dans le domaine automobile. Dès le début, Vespa est ainsi synonyme d'élégance, de raffinement et d'exclusivité. Les gens qui roulent à Vespa choisissent donc un véhicule qui va les distinguer par son confort, sa ligne élégante ainsi que ses détails appropriés. Dans une Europe résolument tournée vers l'avenir, voulant oublier les privations de la guerre, le scooter est enfin synonyme de plaisir pour le peuple. Il représente le moyen de transport idéal pour les bénéficiaires des congés payés. Une nouvelle forme de tourisme de masse voit le jour : la mobilité ne s'adresse plus uniquement aux quelques privilégiés de la société. Avec l'arrivée de la saison chaude, la mer et les montagnes apparaissent accessibles à tout le monde : jeunes, couples, familles, riches et moins riches...

L'année suivante, en 1947, la première Vespa 98 cm^3 est produite à 10 545 unités, soit quatre fois plus que la première année, car les commandes commencent à affluer. Fin 1947, la production de la 98 cm^3 prend fin et cède la place à un nouveau modèle cubant 125 cm^3 en 1948.

La Vespa 98 de 1947 ne sera produite qu'une seule année avec un total de 10 545 unités.

Le succès est au rendez-vous, il va être accru par une pratique appelée à un grand développement et qui va multiplier cette réussite : la vente à crédit, un choix qui s'avère

La 125 de 1948 !
La toute première 125 cm^3 d'une grande série.

intelligent devant le manque critique de moyens en Italie après la guerre. La Vespa 125 devient le modèle en vogue en Italie. En 1948, 19 822 unités quittent l'usine de Pontedera, et un an plus tard, plus de 60 000 sont produites et vendues ! La Vespa affiche un prix de 160 000 lires et devient un véritable objet de désir. Le rêve d'Enrico Piaggio devient réalité : l'Italie connaît sa première motorisation de masse. Le bon fonctionnement et la remarquable souplesse du moteur 125 cm^3 persuadent de nombreux amateurs à atteler un side-car à leur Vespa, travail réalisé par des artisans. Qu'à cela ne tienne, Piaggio démarre en 1948 une production de side-cars spécialement pour Vespa 125 !

L'usine de Pontedera connaît une forte croissance. Bientôt, elle devient à nouveau la plus grande usine de Toscane et l'une des plus importantes d'Italie. Un exemple : de quatre-vingt-dix ouvriers à la fin de la guerre, elle passe à huit cents en 1946. À la fin de 1949, c'est un total de 3 320 employés, entre ouvriers et personnel de direction qui y travaillent. Pendant cette même année de 1949, Enrico Piaggio est même accueilli par le Pape. Suivi par près de cinq cents vespistes, Piaggio remet au pape Pie XII une Vespa flambant neuve, ce que la presse de l'époque ne manquera pas de reporter : la vague du succès porte la Vespa et la publicité lui vient naturellement. Ainsi même le Pape « bénit » la Vespa !

Dès le début des années cinquante, Piaggio est structuré conformément aux normes de l'industrie automobile : cycle de production complet synchronisé par des tapis roulants et des lignes d'assemblage. Les différents ateliers ont déjà été connectés par des convoyeurs en amont qui distribuent aux divers stades de manufacturation les pièces détachées pour le montage final. Ce système accroît considérablement la production et atteint en 1950 le seuil des 6 000 unités par mois.

Le « Jour national Vespa » a lieu au printemps 1953. Près de 20 000 vespistes se retrouvent dans douze villes à travers l'Italie. Même le ministre du Travail les accueille par radio. En octobre, le premier anniversaire du scooter Piaggio est célébré avec une production totalisant un demi-million d'unités. Sept ans après ses débuts, Vespa est devenue un phénomène de société reconnu dans le monde entier.

Une ligne d'assemblage à l'usine de Pontedera.

Une Vespa au banc d'essai à l'usine de Pontedera.

Vespa est toujours aux rendez-vous que lui donne l'histoire ou plutôt se retrouve comme par hasard toujours au bon endroit au bon moment. En effet, en 1954, le jour même où la ville de Trieste redevient italienne, une longue file de vespistes parade avec le drapeau tricolore italien dans les rues de la ville acclamée. Là encore, la presse s'en fait l'écho.

Piaggio, qui commence à avoir une taille de grande entreprise, joue un rôle majeur dans les luttes commerciales que connaît la décennie d'après-guerre. Les années de reconstruction sont des années de malaises sociaux permanents et l'économie nationale doit trouver un équilibre. Enrico, en homme d'affaires éclairé, persuadé de la nécessité d'un bon climat social dans son entreprise, prend les mesures adéquates. Même en cette période difficile, la société mène des projets à but social, comme la construction d'un « village Piaggio » à Pontedera. Le quartier résidentiel est constitué de vingt-quatre immeubles comprenant 1 058 chambres occupées par 1 200 personnes en 1956. Dans les Apennins liguriens, à Santo Stefano d'Aveto, un campement de montagne pour les enfants des employés est construit. Dédié à la mémoire de Rinaldo Piaggio, il peut recevoir mille enfants.

Portrait d'Enrico Piaggio en 1953.

Au printemps 1956, Vespa fête son dixième anniversaire ainsi que son premier million d'unités vendues : moment de grande importance dans l'histoire du scooter le plus célèbre du monde ! Et Enrico Piaggio tient à le marquer en accueillant à l'usine de Pontedera tous les concessionnaires et détaillants du globe. Avec son personnel, et en particulier Corradino d'Ascanio, Enrico Piaggio peut être considéré comme le vrai protagoniste d'une marque célèbre dans l'histoire du transport.

Un timbre commémoratif est créé à l'occasion de la millionième Vespa.

En 1956, un million d'unités est atteint, soit dix ans après sa création.

À cette occasion, Enrico se remémore les dix premières années de Vespa et écrit : « Au cours de cette décennie, Vespa a connu un succès sans précédent. Il n'y a pas un coin au monde qui ne la connaisse ou qui ne l'apprécie. Par sa diffusion à travers les différentes classes sociales, dont certaines n'auraient sinon jamais pu posséder son propre véhicule

à moteur à cette époque-là, Vespa a fortement contribué à améliorer leur condition de vie. Elle a aussi encouragé une nouvelle forme de tourisme. Traversant les frontières et les distances, elle a créé des relations et des amitiés parmi différentes personnes et différentes nations. »

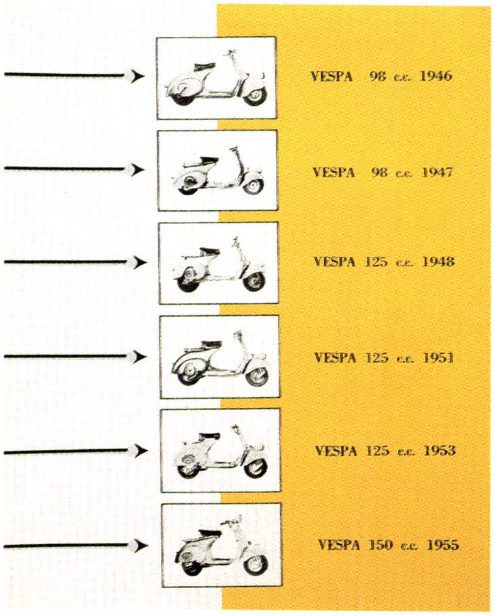

Présentation en un clin d'œil de la Vespa de 1946 à 1955, de la 98 à la 150 cm³.

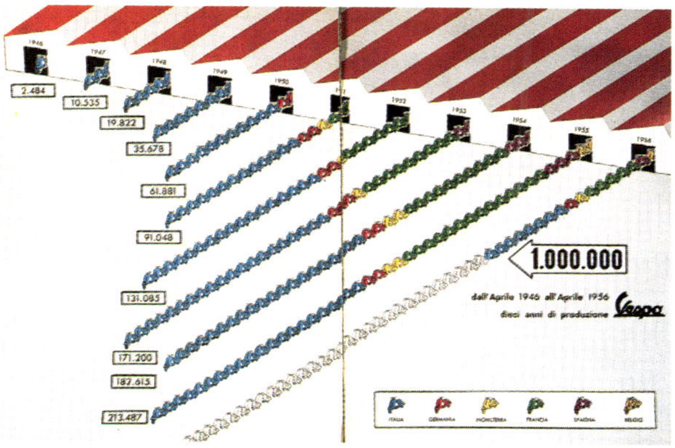

Tableau récapitulatif des dix premières années de la Vespa.

Quant à Corradino d'Ascanio, voici son discours : « M'étant toujours occupé d'aviation, je ne connaissais de la motocyclette que son aspect extérieur, avec son côté sportif et sa notion de vitesse, sans jamais avoir approfondi sa construction. Toutefois, j'avais observé ses défauts pratiques qui l'avaient toujours éloignée de la masse désireuse cependant de posséder un véhicule utilitaire de la sorte. Étant donné que je n'étais pas lié à une tradition technique motocycliste, j'ai pu regarder le problème et concevoir un moyen de locomotion tout à fait nouveau en suivant mon intuition et en pensant que ce véhicule devait servir à des gens, qui comme moi, n'avaient jamais été des motocyclistes [...] Il faut que j'ajoute qu'en projetant la Vespa, c'est plus l'automobile que la motocyclette qui était présente dans mon esprit. C'est pourquoi j'ai considéré comme plus confortable et rationnelle la position assise par rapport à celle à cheval sur le cadre. Afin d'éviter de se salir les vêtements – ce qui est un défaut inévitable pour toutes les motocyclettes – l'idée m'est venue que le moteur devait être éloigné et isolé du conducteur, et même couvert en faisant un ensemble avec la roue arrière [...] Les nombreuses difficultés rencontrées pour la construction étaient essentiellement liées au fait de créer un véhicule tout à fait nouveau et anti-traditionnel. Mes collaborateurs, dont certains travaillaient avec moi depuis plusieurs années, et les ouvriers, conscients de la nouveauté de notre travail et de l'importance qu'il pouvait avoir pour la reprise et l'avenir de notre industrie, ont fait des miracles : il n'a pas fallu plus de trois mois pour passer du projet à la fabrication des premiers exemplaires. » Pendant les années cinquante et soixante, Corradino d'Ascanio est toujours chargé du développement de sa plus célèbre création. Cet ingénieur d'Abbruzo, une bourgade du centre de l'Italie, est maintenant connu en tant que « père » des scooters les plus vendus du monde !

Rien qu'en Italie, une analyse de vente du premier semestre de 1959 révèle que la Vespa de Piaggio atteint 58 984 unités, suivie du Lambretta d'Innocenti avec 34 636 unités. Vient en troisième position, Guzzi avec 12 120 motos, soit presque cinq fois moins que le scooter. Ce qui prouve également que la moto se vend nettement moins que le scooter en Italie à la fin des années cinquante.

Quant à Armando Piaggio, le frère d'Enrico, il demeure à la tête des usines de Sestri Ponente et Finale Ligure. Il croit pour sa part encore à la croissance des affaires aéronautiques. Après la guerre, il construit un avion et perpétue la production traditionnelle de mobiliers maritimes. De ses usines, Piaggio tient certains succès, dont le petit moteur d'avion d'entraînement monocylindre P 148, tout comme les séries d'avions de direction P 136 et P 166.

Giovanni Casighari le rejoint à l'usine de Finale Ligure en 1963 en tant qu'ingénieur des plans. Son rôle est d'organiser les activités aéronautiques de Piaggio selon des critères plus modernes. Ce n'est que l'année suivante, en 1964, que Piaggio aéronautique « divorce » officiellement de Piaggio Vespa.

D'Enrico à Umberto Agnelli

Le 16 octobre 1965, âgé de soixante ans, Enrico Piaggio meurt alors que son scooter lui a fait remporter une fortune colossale. Umberto Agnelli devient son successeur. Tandis que des hommes-clefs tels que d'Ascanio sont conservés, la structure de la firme s'ajuste progressivement en fonction, des besoins de la réalité économique profondément modifiée par rapport à la période de reconstruction d'après-guerre.

L'année suivante, le 4 novembre 1966, la Toscane est frappée par une terrible inondation. Des images de Florence détruite par les eaux de la rivière Arno font le tour du monde. À Pontedera, les ouvriers sont les premiers à aider et protéger leur usine. Mais la lutte contre la fureur des eaux, qui atteignent trois mètres de haut, est inégale. Pourtant leur action rapide a grandement contribué à limiter les dégâts. Ils ont éteint les fourneaux et ainsi l'explosion a été évitée. Piaggio a pu revenir à une production quasi normale en l'espace de quelques semaines, alors qu'il faudra plus de temps à la belle ville de Florence.

Le projet d'innovation progresse avec Umberto Agnelli à la tête. Afin de s'étendre de plus en plus dans le domaine du deux-roues, Piaggio obtient en 1969 le contrôle de Gilera à Arcore. Gilera est l'une des plus anciennes usines de motos d'Europe, réputée pour ses nombreux succès en course. Elle a produit des modèles qui font partie de l'histoire de la motocyclette, tels que la 500 Saturno et Spéciale Strada.

Le premier avion d'après-guerre de Piaggio est le P 136, fabriqué dans différentes versions. Il remporte un certain succès auprès des Américains.

Le P 166 est un avion pouvant accueillir jusqu'à dix passagers, idéal pour les hommes d'affaires déjà pressés à la fin des années cinquante.

2.3. Vespa à l'étranger

Le Bajaj Cub électronique est vendu en tant que scooter le plus économique en Inde.

Depuis les débuts de la production de Vespa, Piaggio réalise les grandes possibilités de succès sur les marchés internationaux. Des licences sont cédées avec des firmes étrangères, les autorisant à produire des Vespa dans leur pays. L'Espagne et le Benelux suivent bientôt l'Allemagne, la France et la Grande-Bretagne dans le mouvement. Et le réseau commercial Piaggio comprend dès 1959 plus de 4 000 points de vente en Italie, 8 000 en Europe et 2 000 dans le reste du monde. La Vespa est vendue dans près de 115 pays et est construite sous licence par de nombreuses usines implantées hors de l'Italie.

La 125 Vespa-Hoffmann de 1953.

Vespa et l'Allemagne

Lorsque la Vespa est montrée en Allemagne au début de décembre 1949, les experts et autres motocistes ne cachent pas leur scepticisme. Pourtant, dès 1950, l'Allemagne est le premier pays à obtenir la licence pour fabriquer des Vespa. C'est l'usine Hoffmann à Lintorf, près de Düsseldorf qui relève le défi avec, à sa tête, Jacob Oswald Hoffmann. Un an plus tard, les Allemands reconnaissent les qualités indéniables de ce scooter et, en 1951, de nombreux fabricants germaniques présentent au Salon de Francfort des modèles similaires. La fièvre du scooter ne se fait pas attendre. Aucun autre véhicule n'est autant populaire auprès de la jeunesse allemande. En 1953, l'usine Hoffmann produit près de quatre cents Vespa par semaine. Mais l'année suivante, malgré le désaccord de Piaggio, Hoffmann se lance dans un nouveau modèle, le Konigin. Avec ses finitions abouties, telles qu'un second phare, un pare-chocs, un protecteur d'ailes et un tan-sad, le coût de production de ce scooter est trop conséquent pour Hoffmann, qui a perdu le soutien financier de Piaggio. Aussi, en 1955, l'usine se trouve dans l'obligation de fermer ses portes, alors que Piaggio se tourne vers Messerschmitt à Augsburg pour perpétuer la Vespa en Allemagne. Mais les mentalités sont très différentes en Allemagne concernant le deux-roues et la Vespa n'arrive pas à percer comme en Italie. En 1957, Messerschmitt se retire et c'est Vespa GmbH Augsburg qui reprend la production pour s'achever en 1963 pour des problèmes de rentabilité. Dès lors, les Vespa sont importées directement d'Italie.

Une élégante Allemande avec sa Vespa.

Vue aérienne de l'usine ACMA à Fourchambault qui s'étend sur près de 350 000 m².

Vespa et la France

En France, au Salon de Paris de 1947, sur le stand de Georges Monneret, est exposée une Vespa qui ne sera importée qu'au printemps 1950. Dès mars 1951, l'usine française ACMA (Ateliers de constructions de motocycles et accessoires) rachète les installations de la SNCAC (Société nationale de constructions aéronautiques du centre), basées à Fourchambault, dans la Nièvre, pour démarrer la production avec une cadence de quinze scooters par jour, soit 9 039 par an. En 1955, la cadence est passée à 280, soit 57 591 par an, ce qui représente 42,5 % de la production française. Pourtant, les débuts de la Vespa en France sont plutôt difficiles. Il ne faut pas oublier qu'au lendemain de la guerre de 1914-1918, la France s'était vue le berceau du scooter. Mais cela n'avait pas perduré à cause d'une technique encore trop balbutiante. Aussi, les Français, public comme constructeurs, ne croient plus en 1951 à ce genre très particulier du deux-roues à moteur. D'autre part, à cette époque, le vélomoteur est fortement développé. Seuls, les dirigeants de l'ACMA, menés par le prince Marc de Beauvau-Craon, relèvent le défi en visant la fabrication en grande série dans un laps de temps réduit. Le lancement de la Vespa en France est essentiellement basé sur la sécurité, avec des démonstrations dans tout le pays pour prouver qu'il s'agit d'un véhicule qui peut être mis entre toutes les mains. Finalement, le défi ACMA est relevé car cinq ans plus tard, en 1956, la production des Vespa dépasse de loin celle des vélomoteurs, en perte de vitesse constante. L'usine s'étend sur 600 000 m², compte deux mille employés, cinq cents machines automatiques, une piste d'essais, un quartier résidentiel, et a surtout acquis sa propre autonomie. Enfin, les Vespa qui sortent de l'usine sont cent pour cent françaises !

La Vespa 125 importée en France en 1950.

Toutefois, la toute première Vespa 125 « made in ACMA » est légèrement différente de celle de Pontedera : le phare avant est placé sur le guidon, et non sur le garde-boue, conformément à la législation en vigueur qui exige une certaine hauteur par rapport au sol. Au cours des dix premières années de production en France, de 1951 à 1961, elles recevront les mêmes modifications que les versions italiennes, à l'exception de la 150 GL qui diffère sur de nombreux points de son homologue italien.

Entre-temps, en 1957, l'économie du monde occidental connaît une première crise du pétrole avec le canal de Suez et la guerre d'Algérie : le carburant est rationné, la TVA est augmentée par deux fois en France, l'assurance est devenue obligatoire puis la réglementation des permis de conduire est plus restrictive en 1958. Les jours de la fabrication de la Vespa en France sont comptés. L'usine de Fourchambault ferme ses portes en 1962 après avoir produit plus de 360 000 unités. Elle est reprise par Vespa France, avec à sa tête Paul de Roubaix, qui se contente d'importer directement les scooters de Pontedera.

La Vespa 125 fabriquée par l'usine ACMA. Notez le positionnement du phare qui se trouve non plus sur le garde-boue, mais sur le guidon.

La Vespa s'est souvent retrouvée en couverture des revues françaises : ici pour RTM en 1954 dans un numéro consacré aux scooters puis en 1955.

À gauche

Emblème de l'usine ACMA.

Dans un hors-série du journal Science et vie, le thème abordé est les vacances avec en couverture, la mer et ses joies, sans oublier le moyen de locomotion terrien, la Vespa.

En haut à droite

Paris et son romantisme qui ne serait pas au complet sans la Vespa !

Au milieu

Le n° 9 du Cycle, cyclomoteurs et scooters du 10 mars 1956 publie sa visite à Fourchambault, à l'occasion de la nouvelle Vespa 150 « Grand Routier ».

Ci-contre

L'usine ACMA se targue de produire une Vespa toutes les trois minutes !

Vespa et l'Angleterre

Le scooter fait désormais partie du paysage européen et on le voit de plus en plus sur les petites routes britanniques. Déjà plus de 30 000 Vespa sont en circulation en 1953, alors que son importation en Grande-Bretagne remonte seulement à 1949. C'est l'usine Douglas basée à Kingswood, près de Bristol, sous la direction de Claude McCormack qui obtient la licence pour la fabrication des Vespa en mars 1951. Les propriétaires de Vespa proviennent de tous les milieux sociaux, des plus humbles aux plus élevés. Même le pilote auto Stirling Moss en possède une. Le duc d'Edimbourg lui-même en a acheté une pour les besoins de la Maison royale. Les forces de la police de Cambridge, Liverpool et du comté de Stafford comptent parmi les premières à l'adopter. La police irlandaise préfère dans certains cas utiliser la Vespa plutôt qu'une moto traditionnelle, et de plus en plus de restaurants optent pour la livraison rapide avec des Vespa. À l'exception du phare positionné en haut du tablier, pour des raisons de réglementation, et des écussons spécifiques Douglas, la Vespa 125 est identique à celle des Italiens. Bientôt un side-car de type Watsonian lui est attelé. Le 19 juillet 1953, plus de cinq cents vespistes se réunissent à Brighton. Mais, toujours à la suite de la crise de Suez, en septembre 1955, l'usine Douglas est rachetée par Westinghouse Brake and Signal Company pour un million de livres sterling, la marque britannique n'assurant que la vente. Au total près de 126 000 Vespa furent fabriquées sur le sol britannique. Douglas continue l'importation jusqu'en 1982, date à laquelle la licence est cédée à Vespa Ltd.

Au Salon de la moto à Londres de 1949 est exposée la Vespa 125 avec une boîte de vitesses à trois rapports pour un coût de 96 £.

Ci-contre

L'Angleterre et ses traditions n'en pensent pas moins à la Vespa !

À droite

Une publicité avec un humour typiquement anglais.

Vespa et l'Espagne

L'industrie du deux-roues se développe d'année en année en Espagne. En août 1952, un lot de terrain est acheté pour construire une nouvelle usine Vespa en Espagne, Moto Vespa SA, localisée à Ciudad Lineal, près de Madrid. Six mois plus tard, le complexe est fin prêt et démarre la production de la Vespa 125 identique à celle des Italiens. Le 23 juillet 1957, soit quatre ans après son démarrage, le chiffre de 50 000 est atteint. En 1959, la Vespa 125 Super est l'équivalente de la Primavera. Puis en 1961, la 150 Spring sort, suivie de la 50 S. Depuis, Moto Vespa SA est devenue une filiale de Piaggio et c'est la seule usine en Europe, en dehors de l'Italie, où les PK, PX et Cosa sont encore produites.

Ci-dessus

Le spectacle de taureaux est l'un des spectacles préférés des Espagnols et les toréadors n'hésitent pas à rentrer dans l'arène à Vespa !

À gauche

Un dépliant publicitaire pour les Espagnol(e)s : même le corps religieux n'est pas oublié !

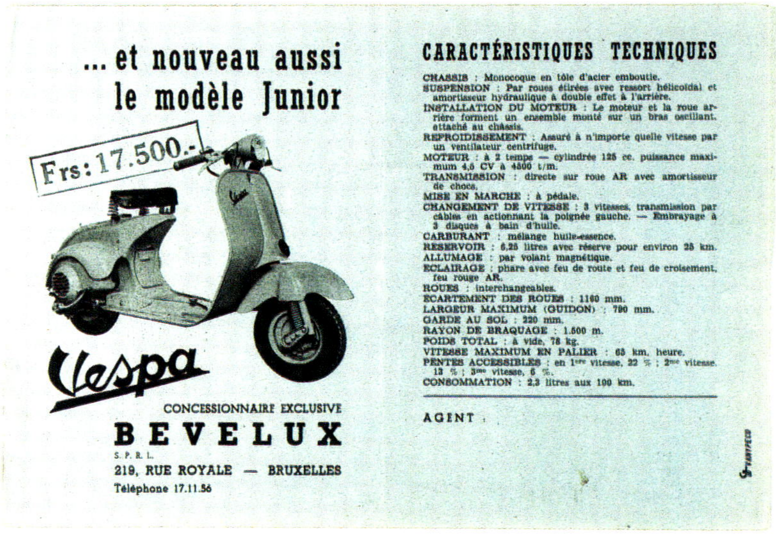

CARACTÉRISTIQUES TECHNIQUES

CHASSIS : Monocoque en tôle d'acier emboutie.
SUSPENSION : Par roues étirées avec ressort hélicoïdal et amortisseur hydraulique à double effet à l'arrière.
INSTALLATION DU MOTEUR : Le moteur et la roue arrière forment un ensemble monté sur un bras oscillant, attaché au châssis.
REFROIDISSEMENT : Assuré à n'importe quelle vitesse par un ventilateur centrifuge.
MOTEUR : à 2 temps — cylindrée 125 cc. puissance maximum 4,5 CV à 4800 t/m.
TRANSMISSION : directe sur roue AR avec amortisseur de chocs.
MISE EN MARCHE : à pédale.
CHANGEMENT DE VITESSE : 3 vitesses, transmission par câbles en actionnant la poignée gauche. — Embrayage à 3 disques à bain d'huile.
CARBURANT : mélange huile-essence.
RESERVOIR : 6,25 litres avec réserve pour environ 25 km.
ALLUMAGE : par volant magnétique.
ECLAIRAGE : phare avec feu de route et feu de croisement, feu rouge AR.
ROUES : interchangeables.
ECARTEMENT DES ROUES : 1160 mm.
LARGEUR MAXIMUM (GUIDON) : 790 mm.
GARDE AU SOL : 220 mm.
RAYON DE BRAQUAGE : 1.600 m.
POIDS TOTAL : à vide, 78 kg.
VITESSE MAXIMUM EN PALIER : 65 km. heure.
PENTES ACCESSIBLES : en 1ère vitesse, 22 % ; 2me vitesse, 13 % ; 3me vitesse, 6 %.
CONSOMMATION : 2,3 litres aux 100 km.

AGENT :

Ci-dessus

Bevelux était le concessionnaire exclusif Vespa au Benelux, avant la création de MISA.

Ci-contre

Dépliant publicitaire danois.

En haut à droite

Une publicité s'adressant aux Suisses.

À droite

La Hollande et ses fameuses écluses font une place à la Vespa italienne.

Vespa et le Benelux

La Vespa est importée dès 1949 au Benelux. Quatre ans plus tard c'est la société Bevelux, basée à Bruxelles, qui s'en charge officiellement. Le réseau de distribution est quelque peu inhabituel, car on retrouve la Vespa même dans les grands magasins des villes. Puis en 1953, la société MISA (Motor Industry SA), fondée à Jette, près de Bruxelles a pour principal but de créer une nouvelle industrie nationale dans le domaine des véhicules motorisés. Ainsi, elle obtient la licence pour le montage et la vente des Vespa sur le territoire belge, hollandais et luxembourgeois. Dès octobre de la même année, une importante construction sur un terrain de près de 18 000 m² démarre pour être occupée début 1955. Les résultats ne se font pas attendre et en juillet, un scooter toutes les sept minutes est annoncé. Les rues hollandaises, pourtant remplies de bicyclettes découvrent le scooter. Mais, comme les autres pays européens, la crise de 1957 entraîne la fermeture de l'usine au début des années soixante.

Une affiche annonçant un rassemblement Vespa au Danemark en 1955.

Quant aux autres pays d'Europe, la Vespa est importée sans jamais être construite sous licence, comme la Suisse, l'Autriche, la Scandinavie, le Portugal ou la Grèce. Les Suisses veulent d'abord être certains de l'efficacité d'un produit avant de l'acheter. Par conséquent, ils attendent jusqu'au printemps 1948 avant d'acquérir une Vespa. Parfois l'importation des Vespa s'est vue limitée à un certain nombre comme par exemple, en Finlande à quatre-vingt en 1959 ou la Norvège à cinquante-cinq en 1955. Au Portugal, Piaggio doit faire appel à la Sociedad Comercial Guerin pour occuper une part du marché.

Un aspect caractéristique de la vie américaine : des flics sur leur Harley-Davidson… près d'une Vespa !

Vespa et l'Amérique

La Vespa, véhicule pratique et fiable, facile à utiliser dans le trafic des villes, trouvera un second souffle grâce aux embouteillages de plus en plus importants dans les grandes villes. Pour ces mêmes raisons, Vespa est choisie pour équiper les forces de police de plusieurs villes du monde : New York, Hong-Kong, Singapour…

Le 14 novembre 1951, Piaggio trouve un accord avec Sears, Roebuck and Co, une importante maison de distribution par correspondance, pour exporter dans un premier temps aux États-Unis près de 1 000 Vespa. Vendant le produit italien sous une dénomination personnelle, Allstate Cruisair, cette société américaine va jusqu'à enregistrer 20 000 ventes de Vespa. Du coup, Piaggio se lance lui-même dans l'aventure avec un bureau à New York, dans lequel une carte des États-Unis est couverte de points de couleurs différentes. New York, Miami et Denver forment les cellules initiales. Économiquement, la Vespa reste moins chère qu'une seconde voiture pour le budget d'une famille. Par ailleurs, un scooter se gare bien plus facilement dans les grandes villes que n'importe quelle auto. Pour la ménagère américaine, elle devient l'instrument à la fois pratique, rapide et peu encombrant qui lui permet de faire ses courses aux alentours. Le scooter semble donc idéal pour les courtes distances et offre indubitablement un net avantage par rapport à une voiture, même de petite taille. Ne devient-il pas plus pratique de se déplacer dans les immenses studios de cinéma de Hollywood avec un scooter ou bien dans les campus universitaires si étendus ? D'autant plus que la marche à pied est un sport qui se perd aux États-Unis ! Du coup, la Vespa entre dans l'univers de la mode pour les jeunes. Qui eut cru que la Vespa pourrait trouver un marché au pays des grosses automobiles ? Les États-Unis montrent un véritable engouement pour le scooter Vespa, qui représente un typique produit de style italien.

Le succès de Vespa aux États-Unis est immédiat : le public et la presse spécialisée manifestent rapidement une curiosité intéressée pour le scooter italien. Même le célèbre quotidien *Times* écrit : « Le produit entièrement italien tel que nous n'en avons pas vu depuis des siècles ! » En effet, afin d'accentuer son originalité, il est comparé aux chars romains. Alors qu'en 1953 la guerre de Corée tire à sa fin et que la marine américaine quitte la péninsule asiatique, une photo de presse est envoyée à travers le monde entier. Elle montre un soldat américain ramenant sa Vespa au pays. Puis en décembre 1954, le célèbre diffuseur *The Reader's Digest* publie un article intitulé « The man who put Italy on two wheels » (L'homme qui fit rouler l'Italie sur deux roues) dont voici un extrait : « L'ouvrier peut habiter la campagne où les loyers sont moins élevés et aller travailler en ville en scooter. Le médecin utilise la Vespa pour faire sa tournée de visites et l'homme d'affaires peut aller voir ses clients. » Un vendeur de chez Cartier, le grand bijoutier, fait cette réflexion : « Avant, je mettais une demi-heure rien que pour chercher un emplacement pour garer ma voiture. Maintenant, je rentre simplement mon scooter dans la cour

de l'immeuble. » Puis, en 1959, le magazine américain *Fortune* cite Vespa comme l'un des cent meilleurs produits conçus.

Vespa est de plus en plus médiatisée ! En 1965, le scooter fait la une de la presse internationale. En effet, dans les Caraïbes, pendant la révolution à Saint-Domingue, les troupes rebelles utilisent des Vespa en tant que moyen de transport pour patrouiller sur le territoire.

Au Brésil, la Vespa est produite sous licence à l'usine Panauto SA durant les années cinquante et soixante. Cette société n'est autre que celle du célèbre pilote de course Juan Manuel Fangio, reconverti dans les affaires automobiles et motocyclistes. Outre le marché brésilien, Panauto distribue également dans toute l'Amérique du Sud particuliers comme forces armées ou polices.

Avec les années quatre-vingt et les exigences draconiennes de la protection de l'environnement, la Vespa se retire du marché américain.

Ci-dessus

Une publicité bien trouvée rappelle la Vespa aux ménagères mexicaines.

Au milieu

Le président Adolfo Lopez Mateos du Mexique lors d'une visite officielle à Buenos Aires, en Argentine, est salué par des supporters.

Ci-dessus

La Vespa version « Bajaj » en Inde.

En haut à droite

Deux Japonaises sur leur scooter Vespa.

À droite

Malgré les rapports commerciaux tendus entre l'Italie et le Liban, la Vespa a su gagner les cœurs à Beyrouth.

Vespa et l'Asie, l'Afrique…

Quant à l'armée française qui se trouve en Indochine, elle fait connaître le scooter dans toute l'Asie du Sud-Est. C'est d'ailleurs dans cette partie du monde que la Vespa atteint sa plus grande diffusion. En effet, à Hong-Kong, plus de 80 % des deux-roues motorisés importés d'Italie sont des Vespa en 1955 ; 2 422 unités sont importées au Viêtnam et au Cambodge en 1958. Le Japon la découvre en 1959, alors qu'à Singapour, on compte pas moins de 10 000 scooters italiens. La Vespa est produite en Inde, dans le pays des « rickshaws » depuis 1961 avec Bajaj Trading Co. Deux ans après, devant son succès croissant, l'usine est transférée dans un plus grand complexe à Poona. Dix ans plus tard, en 1965, l'Asie absorbe environ 41,2 % des exportations de Piaggio. De nos jours, les scooters indiens Bajaj, distribués par LML Ltd, sont identiques aux anciennes Vespa.

Foto di prammatica davanti alla sfinge e alle Piramidi. E' difficile resistere al loro fascino; lo stesso Giulio Cesare del resto vi si soffermava a lungo; senza Vespa naturalmente.

Newest and oldest on the same photograph. A nice girl on a Vespa with the Sphynx and the Pyramids on the background.

A guado attraverso i caldi e misteriosi fiumi africani.
Native youngsters have taken a Vespa to this colourful ford.

129

Ci-dessus

Une publicité réalisée par la United Nile Engineering pour les Égyptiens.

À gauche

En Afrique du Nord, et plus particulièrement au Maroc, en Algérie et en Tunisie, la Vespa devient aussi populaire que le chameau !

En haut à gauche

Jusqu'en Afrique noire, la Vespa a su s'implanter !

Ci-contre

Une vespiste sud-africaine.

Vespa et ses accessoires…

Celles ou ceux qui possèdent une Vespa la modifient toujours, l'embellissent ou la personnalisent. Des centaines d'accessoires sont produits pour Vespa, et le scooter s'adapte souvent à des utilisations spécifiques : side-car pour les écoles de conduite… ou même des modifications sont apportées permettant au deux-roues de prendre la mer ou les airs pour un film d'espionnage en 1967 ! L'armée italienne s'associe avec Piaggio pour produire une Vespa pouvant être parachutée, et l'armée française crée une version équipée d'un fusil anti-tank. Ainsi différents accessoiristes, tels que Ulma ou Ardor en France, créent toute une gamme allant du motif pour le tablier au capuchon de bougie, en passant par la guêpe en caoutchouc coloré ou une calandre en laiton chromé.

À l'heure actuelle, une Vespa de collection accessoirisée peut valoir jusqu'au double de son prix initial. Piaggio propose toujours un catalogue d'accessoires spécial Vespa.

Ci-dessous

Bufflier propose un side-car spécial, pour les scooters dès le début des années cinquante.

En haut à droite

Au Salon de Paris de 1956, ACMA expose en vedette une Vespa équipée d'un canon et de munitions, destinée à être parachutée en zone d'opération.

Ci-contre

Même Georges Monneret avait déposé un brevet pour commercialiser le tan-sad « Indispensable ».

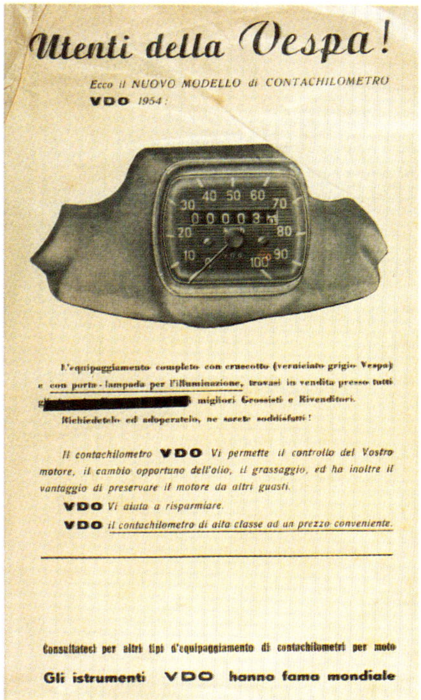

À droite

VDO fabrique un compte-tours spécialement pour la Vespa en 1954.

Les décalcomanies de dessins de pin up décorent souvent les tabliers des scooters. Il y en a pour tous les goûts : style western, Mille et une nuits…

Km.
AUTO

À gauche

Écusson du Vespa club d'Imola en Italie.

Vespa et ses clubs

Les clubs de Vespa ont rapidement accompagné puis renforcé le succès étendu du célèbre scooter. De nombreux vespistes commencent spontanément à créer des clubs et à voyager en groupe à travers l'Europe. Parmi eux, Renato Tassinari organise en 1948, à l'occasion de la foire de Milan, le premier rassemblement qui porte le nom de « Lo sciame d'Argento » (« L'essaim d'argent »). Au total, près de 2 000 vespistes venus des quatre coins d'Italie affluent. C'est le début d'un phénomène de masse destiné à bientôt atteindre une dimension européenne.

Le premier rassemblement, organisé en dehors des frontières italiennes, et le plus important pour l'intérêt qu'il suscite dans la presse européenne, est le rallye qui se déroule en Suisse en mars 1949. Les 750 kilomètres sont parcourus par soixante-quinze vespistes, dont trois femmes. Le scooter a immédiatement établi un lien avec la gent féminine, et en septembre de la même année, une manifestation féminine de Vespa a lieu à Stresa. Il s'agit du tout premier rassemblement moto spécialement organisé pour les femmes en Italie. Puis, toujours la même année, le 23 octobre, les représentants des trente et un clubs de Vespa se réunissent à Viareggio pour fonder le Vespa club d'Italie.

En quelques années, les activités des clubs de Vespa et les défis de voyageurs individuels en Vespa modifient l'image d'un véhicule conçu comme moyen de transport léger, qui se révèle aussi sur longues distances : le tourisme avec Vespa est réellement né !

Au cours des années cinquante, Vespa attire des générations complètes de jeunes, les encourageant à se rassembler en clubs afin de transmettre le culte d'un produit devenu le symbole d'une époque. Les 14 et 15 juin 1952, les trente clubs de Vespa français tiennent leur premier congrès national et délibèrent pour la création du Vespa

Ci-dessus

Écusson du Vespa club de France.

À gauche

Eurovespa 1958 à Bruxelles fait la une du journal italien La moto.

À droite

C'est à Salsburg, en Autriche, que se déroule l'Eurovespa de 1961.

club de France, présidé par d'Alayer de Costemore d'Arc. En 1952, les clubs de Vespa sont au nombre de cent seize et comptent 11 577 membres. Le 8 février 1953, les représentants des clubs de Vespa d'Allemagne, Italie, de Belgique, France, Hollande et Suisse se réunissent pour fonder le Vespa club d'Europe. C'est la langue française qui est choisie pour communiquer. Ils sont rejoints quelques mois après par l'Autriche, le Danemark, l'Espagne, la Grande-Bretagne, le Portugal et la Suède.

Les 8 et 9 mai 1954, un long cortège pittoresque de vespistes défile dans les rues de Paris en tenue de toutes époques. En 1956, le Vespa club d'Italie compte 31 792

membres répartis dans 172 clubs. À la même époque, les clubs à l'étranger se multiplient. À travers l'Extrême-Orient, plusieurs dizaines de clubs Vespa sont fondés au début des années soixante. Les plus renommés comptent des centaines de membres, comme ceux de Hong-Kong et de Saigon.

En 1956, à l'occasion des dix premières années de la Vespa, Renato Tassinari, alors président du Vespa club d'Europe, déclare : « C'est une réelle passion qui nous a guidé à créer cette association forte, unie, harmonieuse et munie d'autorité. »

Au début des années soixante-dix, Vespa joue un rôle important dans le monde. Les quelques douzaines de vespistes qui se retrouvaient dans des rassemblements en Italie pendant la période difficile d'après-guerre, sont maintenant des centaines dans le monde entier. Les protagonistes de ces rallyes étaient généralement des jeunes qui avaient découvert avec la Vespa un véhicule nouveau et sans passé, en accord avec leur personnalité qu'eux-mêmes jugeaient déconnectée de la pensée archaïque de leurs parents. Il faut dire que 1968 est passé par là !

De nos jours, la Fédération internationale des clubs de Vespa (FIV) compte des centaines de membres répartis dans vingt-cinq pays différents à travers le monde entier. « Eurovespa » est l'événement le plus important organisé par la FIV qui se déroule chaque année dans un pays différent. En 1996, l'Italie accueille à San Remo, les 22 et 23 juin, pas moins de 1 500 vespistes venus de dix-huit pays. En 2001 c'est au tour de la France d'organiser Eurovespa à Nevers-Fourchambault, les 23 et 24 juin, en hommage à l'usine ACMA.

Ci-dessus

Renato Tassirani, président du Vespa club d'Europe et Robert Caro, le représentant anglais.

À droite

La starlette Josette Arno est élue reine du scooter en 1953 par le Vespa club de France.

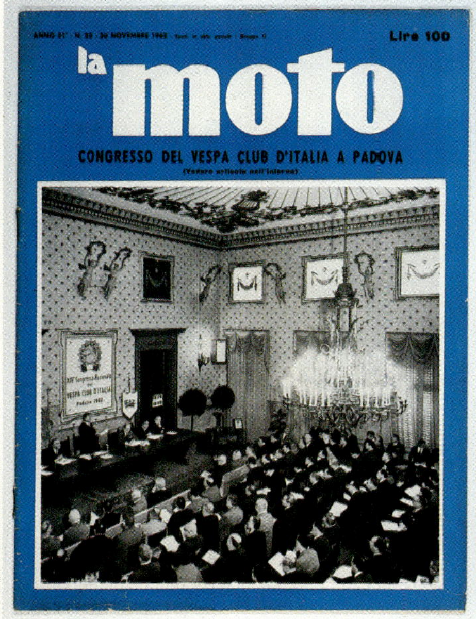

À gauche

Eurovespa 1962 se tient à Madrid avec la présence de quatorze pays.

À droite

Cortina accueille l'Eurovespa de 1963.

En bas à gauche

Dès que le Vespa club d'Italie se réunit sous forme de congrès, la presse italienne relate les faits.

Au milieu et ci-dessous

Certains Vespa clubs remportent le trophée du tourisme : ainsi en 1961 pour le Vespa club d'Imola et en 1963 pour Udine.

2.4. Évolution de la Vespa

La 160 GS de 1962 perpétue le succès commercial de la 150 GS.

Vespa G.S.

Entre la Vespa de 1946 (et même le prototype Paperino de 1945) et la toute dernière Vespa, la filiation est nette. Et pourtant que de différences ! Voyons les principaux modèles avec leurs spécifications, pour mieux apprécier cette évolution sans révolution.

PAPERINO : créé en 1945, le Paperino (qui signifie Donald Duck) est un scooter de 98 cm^3 encore très typé moto avec son cadre tubulaire et son moteur central. Seulement produit à une centaine d'exemplaires, il reste une pièce très rare et de nos jours très recherché par les collectionneurs du monde entier.

On l'appelle Ape !

En parallèle au scooter, des essais de constructions de véhicule à trois roues commencent. Piaggio commercialise dès 1948 des fourgonnettes à trois roues sous le nom d'Ape. Commodité, charge importante, économie et agilité sont les clés du succès de l'Ape, qui se présente sous la forme d'un avant de Vespa auquel on a greffé un arrière à deux roues supportant une caisse. Le tout propulsé par le moteur de la Vespa. Les rues des villes italiennes deviennent de plus en plus faciles à traverser pour les livreurs. Pendant que le scooter Vespa stimule les imaginations et les désirs de tout le monde, la fourgonnette Ape est appréciée comme utilitaire. Et si Vespa est synonyme de mobilité pour les Italiens pendant la difficile période d'après-guerre, Ape relance le transport et le commerce et joue un rôle décisif en devenant le symbole du retour de l'Italie au travail. Et même à l'étranger, une demande pour le trois-roues se fait constante. Du coup, Piaggio vend l'Ape à l'extérieur de ses frontières nationales, sous le nom de Vespa Commercial afin de rappeler sa dérivation directe avec le fameux scooter. Enfin, dans de nombreuses villes du monde, des municipalités choisissent la fourgonnette Ape pour les services d'entretien. Ainsi, l'usine française ACMA commercialise le triporteur Tri Vespa de 1953 à 1958.

Bien plus tard, en 1972, l'Ape se voit doté d'une direction à volant à la place du guidon, puis en 1986 d'un moteur Diesel de 421 cm³.

L'Ape fait la une du journal italien La moto *dans toute sa splendeur d'utilitaire.*

Ci-contre

Le premier Ape de Piaggio.

Au milieu

Le 125 Tri Vespa avec caisse ouverte.

En bas

Le 125 Tri Vespa avec caisse fermée.

Ci-dessous

Une publicité italienne vantant les services de l'Ape.

VESPA 98 : de 1946 à fin 1947, la toute première Vespa de série, la Vespa 98, est dotée d'un moteur monocylindre horizontal deux-temps de 98 cm³ donnant 3,5 chevaux à 4 500 tr/mn. Sa vitesse maximale est de 60 km/h pour 60 kg avec un alésage x course de 50 x 50 mm et une boîte de vitesses à trois rapports. Le « cadre » est constitué d'une coque en acier pressé sur lequel viennent s'ancrer tous les accessoires. Le tablier avant faisant office de marchepied offre un abri en cas de mauvais temps. Le moteur situé sous la selle est non seulement traité en bloc, intégrant la boîte de vitesses, mais fait aussi corps avec la roue arrière sur laquelle il est fixé. Par rapport au prototype de d'Ascanio, un système de refroidissement à air forcé est ajouté, ce qui restera l'architecture générale pendant près d'un demi-siècle. Les numéros de moteur pour la première année vont de 01 à 2 464, et pour l'année suivante de 2 465 à 18 079. La première année 2 500 exemplaires sortent des chaînes de montage de Pontedera et la deuxième 10 500.

VESPA 125 : en 1948, la Vespa 125 se différencie du modèle initial pas seulement par sa cylindrée supérieure de 125 cm³, mais aussi par son confort de conduite grâce à l'adoption d'une suspension arrière. Sa vitesse maximale atteint 70 km/h pour 70 kg avec un alésage x course de 56,5 x 49,8 mm et une puissance de 4,5 chevaux à 4 500 tr/mn. La suspension avant est également modifiée : l'arbre unique qui la connecte à la roue est à droite, architecture qui ne changera plus. Le capot du moteur, fermé en haut par une charnière, se soulève, ce qui facilite l'accès au moteur et aux accessoires. Enfin, un porte-bagages métallique est ajouté en série alors que le robinet d'essence a désormais une position réserve. Son prix est de 160 000 lires. Mais la Vespa 125 n'en reste pas là. Au fil des années, le modèle sera vu et revu.

En 1951, la 125 est pour la première fois modifiée et améliorée : les tringles de sélection de la boîte de vitesses sont supprimées pour être remplacées par des câbles flexibles.

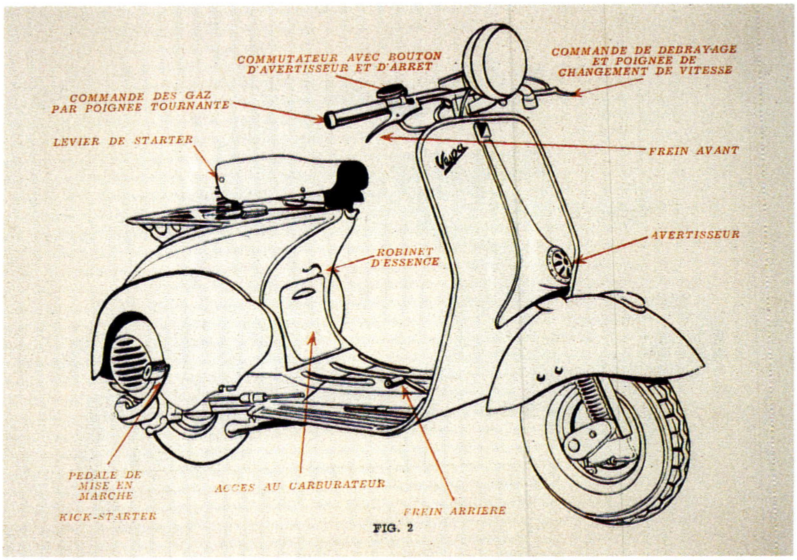

FIG. 2

Schéma de la Vespa 125 de fabrication ACMA de 1951, reconnaissable au premier coup d'œil par le phare situé sur le guidon, et non sur le garde-boue.

La suspension arrière est pourvue d'un amortisseur hydraulique. Les feux avant et arrière sont améliorés, la selle ainsi que le marchepied élargis.

La Vespa 125 est à nouveau modifiée en 1953, avec cette fois-ci un moteur complètement nouveau. Par rapport au premier modèle, l'alésage et la course passent à 54 x 54 mm, et la puissance à 5 chevaux à 5 000 tr/mn avec un nouveau réglage d'allumage. La vitesse maximale atteint 75 km/h pour 86 kg. Côté esthétique, elle a des formes plus modernes : le carénage est complet à l'arrière et le flux d'air est tranquillisé par un filtre à air qui est devenu depuis une des caractéristiques de ce modèle.

La Vespa-ACMA 125 de 1954 a connu de nouvelles modifications l'année précédente.

Moscone

On oublie souvent que Piaggio, alors en pleine effervescence avec la création de la Vespa, a confectionné un moteur hors-bord Moscone en 1949. Appréciés en Italie, ces moteurs ont surtout une grosse part de marché en Scandinavie.

Le moteur hors-bord Moscone : la Vespa marine !

Lorsque la Vespa 125 fête ses dix ans en 1958, c'est l'occasion pour la plus classique des Vespa d'être profondément renouvelée. Elle adopte une ligne plus moderne et plus effilée et tire son inspiration du style de la 150 GS. Le confort est bien entendu amélioré grâce à un coffre derrière le tablier, un marchepied plus large et une selle avec des suspensions réglables. Enfin, le moteur de 4,5 chevaux à 5 000 tr/mn permet une vitesse maximale de 75 km/h pour 81 kg.

Par la suite, le modèle 125 connaîtra encore des évolutions en 1960 et 1966. Comme la Vespa 150 de 1959, la 125 de 1960 est modifiée en fonction du Code de la route en vigueur en Italie avec un feu de stop. L'alésage x course passe à 52,5 x 57 et le mélange est de 2 % pour la lubrification. Puis en 1966, la Vespa 125 est surnommée « Nuova 125 ».

VESPA 53 U : en 1953, la Vespa 53 U (U pour utilitaire) est un modèle économique de 125 cm³ qui conserve les valeurs d'alésage x course de l'ancien modèle, 56,5 x 49,8 mm. Ses 4,5 chevaux à 4 500 tr/mn lui permettent une vitesse maximale de 65 km/h pour 78 kg. Son prix tourne autour de 140 000 lires, soit 20 000 lires de moins que la Vespa 125. Conformément au Code de la route, le phare se situe, pour la première fois sur une Vespa destinée au marché italien, en haut sur le guidon plutôt que sur le gardeboue avant. Mais ce modèle multi-usages n'est produit qu'à 7 000 exemplaires et, par conséquent, est actuellement très recherché par les collectionneurs.

VESPA 150 GS : lancée en 1955, la 150 GS (GS pour Gran Sport) est dotée d'un moteur de 8 chevaux à 7 500 tr/mn et atteint la vitesse fatidique de 100 km/h pour 104 kg. Elle profite d'un aspect plus aérodynamique par rapport aux modèles précédents, émanant de l'expérience acquise lors des compétitions par l'équipe Piaggio. La boîte de vitesses à quatre rapports, la longue selle biplace et les grandes roues avec des pneus de 10 pouces

En haut

La Vespa 125 fête ses dix ans en 1958 et à cette occasion est profondément modifiée : sa ligne plus moderne s'inspire de la 150 GS.

Au milieu

En 1953, Piaggio sort un modèle économique de 125 cm³ : la Vespa 53U.

À gauche

En 1960, la 125 se voit une nouvelle fois modifiée en fonction du Code de la route.

Vespa 400

La Vespa 400 est présentée en 1957.

Alors que Vespa connaît une période de grand succès pendant les années cinquante, Enrico Piaggio décide de s'essayer dans le domaine automobile. À nouveau, son objectif est de produire un véhicule peu onéreux pour le marché international. C'est Corradino d'Ascanio qui conçoit la petite Vespa 400 présentée en 1957. Il s'agit d'une automobile à moteur bicylindre deux-temps de 394 cm^3 disponible en deux versions, deux ou quatre places. Avec sa gamme d'accessoires, la Vespa 400 s'inscrit dans le courant des petites voitures utilitaires. Mais en Italie, sa diffusion est de courte durée car le géant Fiat vient de présenter la petite 500 et n'est pas prêt à céder des parts de marché, même s'il s'agit de Piaggio. Du coup, Piaggio décide de la faire produire à l'usine ACMA de Fourchambault, la France ayant une longue tradition à produire et commercialiser les petites automobiles économiques. Au total 30 000 unités seront fabriquées de 1957 à 1961. Ensuite, la Vespa 400 GT est produite à peu d'unités. Mais le succès se fait attendre alors que la crise passe par là. Côté sport, la Vespa 400 prit part au rallye de Monte-Carlo en 1959.

Piaggio crée sa seule automobile avec la Vespa 400.

de diamètre changent considérablement la ligne de cette Vespa vendue comme un véhicule sportif. Elle est née dans une période de « paix » mais pour « battre » des performances. Elle prouve également que le public a évolué. Pour la jeunesse, elle devient le moyen de se singulariser. Réputée pour être un repère dans l'histoire du scooter, et pas seulement dans celle de Vespa, la Vespa 150 GS, surnommée la *Vespone* (« grosse guêpe ») est l'un des plus beaux scooters et est toujours recherché par les amateurs de Vespa anciennes.

La 150 GS ou « grosse guêpe » est lancée en 1955.

VESPA 150 : lancée en 1959, la Vespa 150 est des plus innovantes. En effet, il est possible d'utiliser du carburant additionné de 2 % de lubrifiant alors que les modèles précédents en exigeaient 5 %. Cette innovation est devenue réalisable grâce à un nouveau système d'allumage qui permet une meilleure lubrification. Sa puissance est de 5,5 chevaux à 5 000 tr/mn et le scooter atteint 85 km/h pour 85 kg. Quant à l'esthétique de la Vespa 150, elle continue d'évoluer avec un marchepied en caoutchouc, un nouveau compteur de vitesse de forme ovale et les bords du tablier chromés.

Une publicité de 150 GS avec le slogan « la petite voiture à deux roues ».

L'année suivante, en 1960, des améliorations techniques et esthétiques sont effectuées. L'alésage et la course sont modifiés et la puissance du moteur augmentée. Grâce à un nouveau système d'admission mélangé contrôlé par un distributeur roulant, un mélange de 2 % de carburant peut toujours être utilisé sur cette version.

VESPA 160 GS : en 1962, avec un design complètement nouveau, la Vespa 160 GS est créée pour perpétuer le succès commercial de la 150 GS de 1955. Sa cylindrée est de 158,5 cm^3 pour un alésage x course de 58 x 60 mm. La puissance de 8,2 chevaux à 6 500 tr/mn est la plus élevée jusque-là (la 150 GS faisant 8 chevaux à 7 500 tr/mn). Elle atteint les 100 km/h pour 110 kg. Son mélange est quant à lui de 5 %. De plus, les changements esthétiques sont conséquents et donnent à ce modèle une ligne moderne et toujours élégante.

Ci-dessus

La 150 sort en 1959. Ici, celle de 1960 de fabrication ACMA.

Ci-dessus à droite

Les jeunes amoureux apprécient la 160 GS.

Ci-contre

La 150 GL pour Grand Luxe.

À droite

En fait, la 150 GL est l'intermédiaire entre la 150 standard et la GS.

VESPA 150 GL : conçue en 1963, la Vespa 150 GL (Grand Luxe) est considérée comme l'un des modèles les plus élégants dessinés par les designers de Piaggio. Les changements les plus frappants sont le phare qui, pour la première fois, a une forme trapézoïdale, le capot et le garde-boue plus anguleux qu'auparavant. La 150 GL est dotée d'une boîte de vitesses à quatre rapports et de pneus de dix pouces, comme sur les modèles les plus sportifs. Le moteur est également modifié et donne une puissance de 5,8 chevaux à 5 000 tr/mn pour une vitesse de 90 km/h. Son poids atteint les 88 kg, soit 3 kg de plus que la Vespa 150 de 1959. En fait, la 150 GL est la Vespa intermédiaire entre la 150 normale et la GS.

VESPA 50 : en 1964, la Vespa 50 connaît des débuts glorieux grâce à la mise en place du nouveau Code de la route en Italie et à la forte augmentation du nombre d'adolescents. Le scooter pèse 66 kg, développe 1,5 cheval à 4 500 tr/mn pour une vitesse maximale de 40 km/h. Quant au moteur, pour la première fois, l'architecture n'est pas un monocylindre horizontal mais est incliné a 45°. Enfin, son alésage x course est de 38 x 43 et sa boîte de vitesses à trois rapports. Il s'agit de la dernière conception Vespa de Corradino d'Ascanio et c'est peut-être pour cette raison que ce scooter est une « pierre angulaire » dans l'histoire de Vespa. Piaggio n'arrêtera jamais sa production, laquelle en 1991 atteint trois millions d'exemplaires, en comptant le 50 S, la version Spéciale, sortie également la même année, en 1963.

VESPA 180 SUPER SPORT : la légendaire GS (150 cm^3 en 1955 et 160 cm^3 en 1962) trouve une digne succession avec la 180 SS (Super Sport) en 1965. Créée pour perpétuer la tradition sportive de ses devancières, la 180 SS a une puissance encore plus élevée, soit 10 chevaux à 6 250 tr/mn. De surcroît, avec un design encore plus aérodynamique, pour la première fois dans l'histoire de Vespa, sa vitesse maximale dépasse les 100 km/h. En effet, la meilleure vitesse enregistrée pour la 180 SS est de 105 km/h.

VESPA 90 SUPER SPRINT : en 1966, la 90 Super Sprint (ou SS) est sans aucun doute la Vespa la plus originale. D'une part, le fourre-tout est placé entre la selle et le guidon, et d'autre part, la roue de secours, comme pour la GS de 1955, se trouve sur le marchepied, et son enjoliveur a la même couleur que la

En haut à gauche

La Vespa 50 de 1964 s'adresse aux jeunes autour de 14 ans.

En haut

Le moteur de la 50 cm^3 n'est pas horizontal mais incliné à 45°.

En bas

En 1966, Piaggio fait dans l'originalité avec la 90 Super Sprint.

VESPA 50 SUPER SPRINT : à la poursuite du succès de la 90 Super Sprint, Piaggio crée une version de 50 cm^3 pour les jeunes pratiquement la même année. Bien entendu, la 50 SS s'inspire fortement de sa sœur aînée avec le fourre-tout, sa ligne de tablier, ses silencieux chromés… Et comme la 90 SS, la 50 Super Sprint est l'un des plus rares modèles de Vespa et est devenue une véritable pièce de collection.

VESPA « NUOVA 125 » : la Vespa 125 de 1966 est tellement différente des autres 125 de 1948 à 1960 qu'elle est surnommée la « Nuova 125 ». La cassure avec les sœurs aînées est nette : son châssis est emprunté à la 50 cm^3. Par conséquent, son poids descend à 75 kg. Les roues avec des pneus de dix pouces, montées pour la première fois sur une 125 cm^3, garantissent une meilleure tenue de route. Le moteur connaît également des changements radicaux avec un alésage et course modifiés, le cylindre est incliné à 45°. La suspension avant offre un meilleur confort de conduite grâce à des amortisseurs coaxiaux.

Ci-dessus

Toujours en 1966 est présentée la Vespa 50 Super Sprint.

À droite

Publicité sur la Vespa Super Sprint.

carrosserie. Enfin le guidon est plus court et le garde-boue fuselé. Le pilotage plus sportif va bien avec le moteur « racing » qui délivre six chevaux à 6 000 tr/mn et fait atteindre les 93 km/h à cette petite Vespa. Comme la 50 et la dernière 125 de 1966, son moteur est un monocylindre incliné à 45°. Enfin, l'alésage x course est de 47 x 51 mm et la boîte de vitesses a quatre rapports.

VESPA 125 PRIMAVERA : en 1968, alors que le Ciao fait ses débuts, la première 125 Primavera est lancée. Il s'agit d'un dérivé de la 125 Nuova de 1966 avec un empattement plus long de quinze centimètres afin d'obtenir une meilleure tenue de route. Avec son moteur incliné à 45° amélioré, son alésage x course de 55 x 51 mm, sa puissance atteint 5,56 chevaux à 5 500 tr/mn pour une vitesse maximale de 85 km/h. Son poids atteint à peine 74 kg. Ce modèle, produit jusqu'en 1983, établit un nouveau record de longévité qui ne sera rompu que plus tard par la PX.

VESPA 180 RALLY : en 1968, Piaggio lance la première Rally, une 180 cm³ avec un alésage x course de 63,5 x 57 mm. Outre ses 10,3 chevaux à 5 700 tr/mn, son monocylindre horizontal est incliné à 45° et la distribution est à distributeur rotatif.

À gauche

La 180 Rally de 1968 est dotée d'une selle plus grande pour un plus grand confort sur longues distances.

Ci-dessus

La Primavera sera produite jusqu'en 1983.

En haut

En 1968, la première 125 Primavera est lancée.

Ciao

L'année 1968 est un tournant important dans la production de Piaggio avec le lancement du « Ciao », son premier cyclomoteur à grandes roues. Après le succès de la Vespa 50, Piaggio a planifié pendant des années un léger deux-roues pouvant être également robuste et fiable, mais aussi capable de répondre à la demande des adolescents, et en particulier des filles, et de les aider à atteindre leur indépendance si longtemps désirée. Il s'agit d'un 49,77 cm³ deux-temps monovitesse à pédales pouvant être utilisé soit en version motorisée, soit uniquement avec les pédales. D'autre part, les couleurs sont pimpantes, vives : orange, rouge, vert clair ou foncé, bleu. Ciao est un succès immédiat et demeure encore de nos jours une valeur sûre.

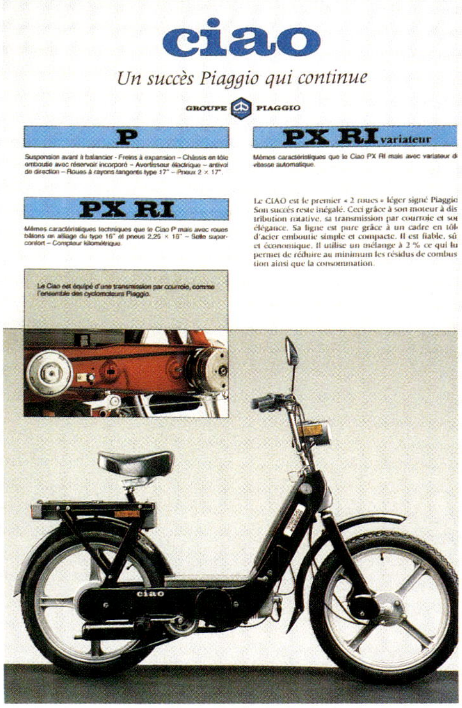

Ci-dessus

Le Ciao est qualifié de vrai cyclomoteur qui continue la tradition Vespa !

Ci-contre

Le Ciao vendu en France dans les années quatre-vingt.

À droite

Le Ciao en 1992.

Ci-dessus

La 50 S est une évolution de la Vespa 50 de 1964.

VESPA 50 ELESTART : en 1970 Piaggio lance la 50 Elestart, dérivée de la Vespa 50 Special de 1964. Cette nouvelle Vespa est équipée d'un démarreur électrique qui deviendra une caractéristique de toute la ligne jusqu'à la fin des années quatre-vingt.

VESPA 200 RALLY : avec la 200 Rally, lancée en 1972, Vespa obtient sa plus grosse cylindrée, soit 197,97 cm³ (66,5 x 57 mm). Ce modèle, bien entendu dérivé de la 180 Rally de 1968, se caractérise par son style « Gran Turismo », apte aux grandes distances. Pour les jeunes du début des années soixante-dix, elle représente le moyen idéal pour parcourir le monde. Sa vitesse maximale est de 116 km/h.

VESPA ET3 : en 1976, la 125 Primavera évolue sous la forme de l'ET3. Pour la première fois une Vespa est dotée d'un allumage électronique. Le nouveau système d'allumage ainsi que le nouveau silencieux contribuent à améliorer la performance de l'ET3. Le taux de compression est amené à 9,5 : 1. Son caractère « pétillant » ainsi que sa « sympathique » apparence la font apprécier de sa génération.

La gamme « Nuova linea » préserve toutefois le style classique de la Vespa.

Les P 125 X et P 200 E marquent en 1978 la « Nouvelle ligne ».

À gauche

La 125 ET3 de 1976 est une Primavera évoluée.

VESPA P 125 X ET P 200 E « NUOVA LINEA » : 1978 est une année révolutionnaire pour Piaggio puisqu'il lance la « Nuova Linea », c'est-à-dire nouvelle ligne. La gamme est élégante, imposante et même si elle est radicalement renouvelée, elle préserve le style « classique » typique de Vespa. Cette nouvelle gamme de modèles est au départ disponible en deux versions : 125 cm³ avec la P 125 X et 200 cm³ avec la P 200 E. Le moteur monocylindre revient à la position horizontale. La P 125 X atteint la vitesse maximale de 95 km/h alors que la P 200 E (qui a un allumage électronique) approche les 110 km/h. Leur boîte de vitesses est à quatre rapports et le mélange est maintenu à 2 %.

La série PX est complétée en 1982 par un 150 cm³.

La gamme PX en 1983.

VESPA PX 150 E : la série PX de 1978 est complétée quatre ans plus tard, en 1982, par un modèle de 150 cm³, la PX 150 E. Initialement disponible avec un volant magnétique, cette nouvelle version est dotée d'un allumage électronique Ducati-Zanussi. La batterie de douze volts permet l'adoption de feux clignotants. La vitesse maximale est de 100 km/h pour 96,5 kg précisément et les bonnes qualités d'accélération contribuent au succès de ce modèle qui est dans la lignée des Vespa « classiques ».

VESPA PK : le changement de style des Vespa se poursuit en 1983 avec la série PK. En harmonie avec la série PX, Piaggio produit différentes tailles de moteur : ainsi la même année, les 50 et 125 PK sont lancées. Elles sont également disponibles toutes les deux en version « S », c'est-à-dire sport, avec des clignotants et un fourre-tout logé derrière le tablier.

À droite

La PX 125 E des années quatre-vingt.

Ci-dessous

Après la série PX, c'est le tour des PK à partir de 1983.

Puis, alors que la production de la 125 Primavera s'achève, elle est remplacée par la 125 PK « automatique » en 1984 mais en conserve quelques caractéristiques : les trois transferts d'admission du cylindre et l'allumage électronique de l'ET3. D'autres solutions techniques, telles que les suspensions avant, dérivent directement de la série PX. Par conséquent comme sa nouvelle version l'indique, le changement de vitesses est automatique, tout comme l'embrayage. Puis dès l'année suivante, en 1985, la P 50 « automatique » est elle aussi créée.

VESPA 125 ETS : avec la 125 ETS, lancée en 1985, Piaggio renoue avec la tradition des Vespa sportives qui ont remporté un certain succès depuis les années cinquante. La ETS est dérivée de la plus puissante version de PK, la 125 S. Le diamètre du carburateur passe de 23 à 29 mm, alors que le système d'allumage est amélioré et le silencieux spécial. Tout cela amène la puissance du moteur à 8,5 chevaux à 6 000 tr/mn pour une vitesse de 97 km/h.

La Vespa 125 PK automatique de 1984.

VESPA 125 T5 : en 1985, la série PX s'enrichit avec la sportive T5 « Pole Position ». Le moteur a une nouvelle configuration avec son monocylindre en aluminium doté de cinq transferts ainsi que d'un système d'allumage exclusif. Les 11 chevaux à 6 700 tr/mn sont la plus grosse puissance pour une Vespa 125. La vitesse atteint 104 km/h pour 112 kg. Le design, avec un gros phare rectangulaire incorporé dans un dôme agressif recouvert d'un écran en plexiglas, ainsi que le spoiler sous le marchepied, soulignent la personnalité du T5.

La 125 T5 de 1985 est la sportive de la gamme PX.

VESPA 50 N : en 1989, Piaggio sort la Vespa 50 N en fonction des nouvelles normes du Code de la route italien. La vitesse maximale est de 40 km/h pour 2,04 chevaux à 5 000 tr/mn alors que la boîte de vitesses a trois rapports. Son monocylindre en aluminium a un alésage x course de 38,4 x 43 mm et un carburateur Dell'Orto SHB 16/12 M.

VESPA 50 SPECIAL : la Vespa 50 née en 1964 a atteint trois millions d'exemplaires en 1991. Du coup, pour célébrer l'événement, l'usine de Pontedera sort une série limitée

Ci-contre et page suivante

Les Vespa « Nouvelle génération » créées en 1996 : la 50 ET2 et la 125 ET4.

de 50 Spécial de 1969 à 3 000 exemplaires. Cette Vespa « anniversaire » est fabriquée en utilisant le moule de la première version d'origine. Pour les fans de Vespa, c'est une occasion à ne pas manquer !

VESPA NOUVELLE GÉNÉRATION : en 1996, Vespa lance une gamme appelée « Nouvelle génération ». Elle est disponible en deux versions : la Vespa ET4 à moteur quatre-temps de 125 cm^3 et la Vespa ET2 avec un deux-temps à injection de 50 cm^3. Esthétiquement, les deux modèles diffèrent seulement dans les détails, mais ont tous deux bénéficié de recherches antipollution et de soucis de facilité d'utilisation et de sécurité. Ils ont tous les deux une boîte de vitesses automatique avec un variateur centrifuge ainsi qu'une carrosserie en acier. Des accessoires pratiques sont aménagés tel un espace derrière le tablier pour mettre des gants, des documents, un téléphone portable ou autres articles courants ; et un deuxième espace suffisamment grand se trouve sous la selle pour y ranger un casque ou un sac. Les commodos électriques sont devenus plus fonctionnels. Le tableau de bord est moderne avec tout de même un élégant design rétro. Il comprend le compteur de vitesses, des témoins de clignotants et phares, un indicateur d'huile et du niveau du carburant, ainsi qu'une montre digitale.

En ce qui concerne les pièces mobiles, spécialement développées pour cette nouvelle génération de Vespa, les roues à jantes sont de dix pouces de type « avion » et les pneus sont de grande dimension, donnant un côté plus sportif et permettant une

bonne tenue de route. Le système de freinage inclut un disque à l'avant et un tambour à l'arrière.

La ET4 est dotée d'un nouveau moteur afin de réduire la consommation de carburant et la pollution, tout en augmentant la performance. L'allumage est électronique avec avance variable, le carburateur est doté d'une pompe de reprise et le démarrage est électrique.

2.5. Technique et compétition

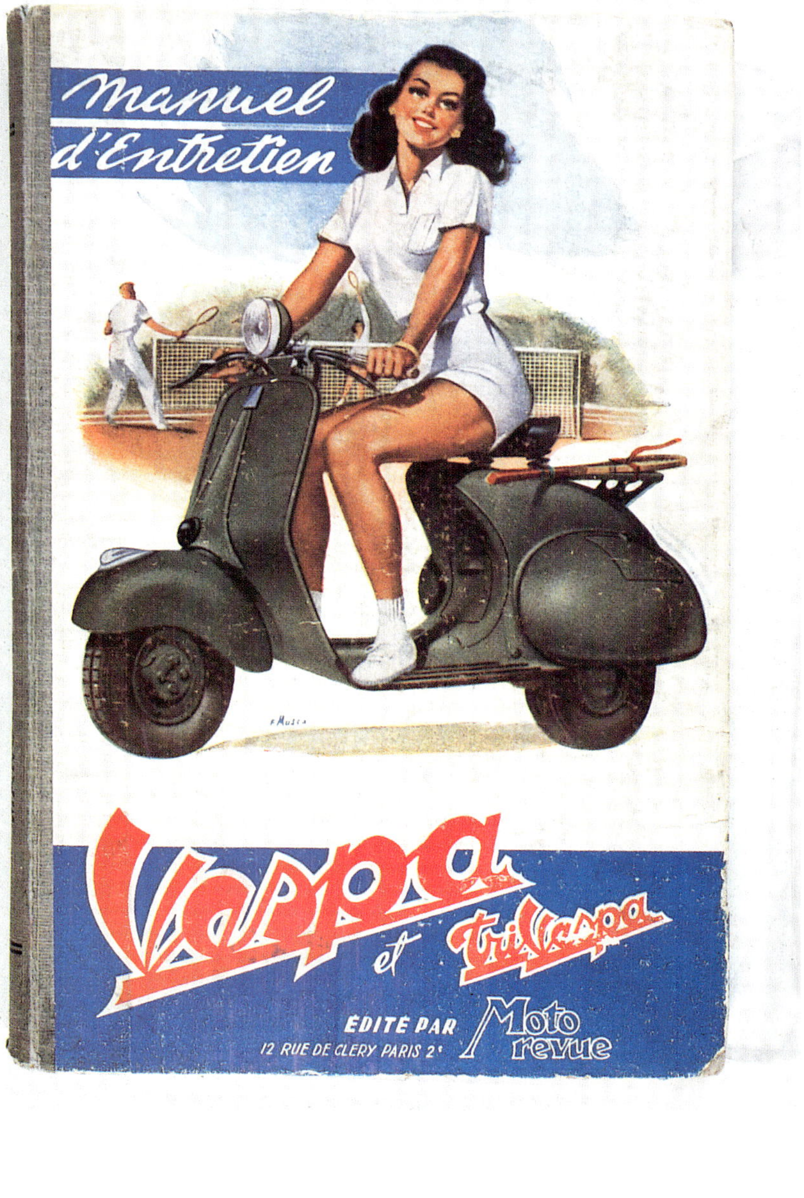

Moto Revue *édite un manuel d'entretien pour la Vespa 125 et le Tri Vespa en 1952.*

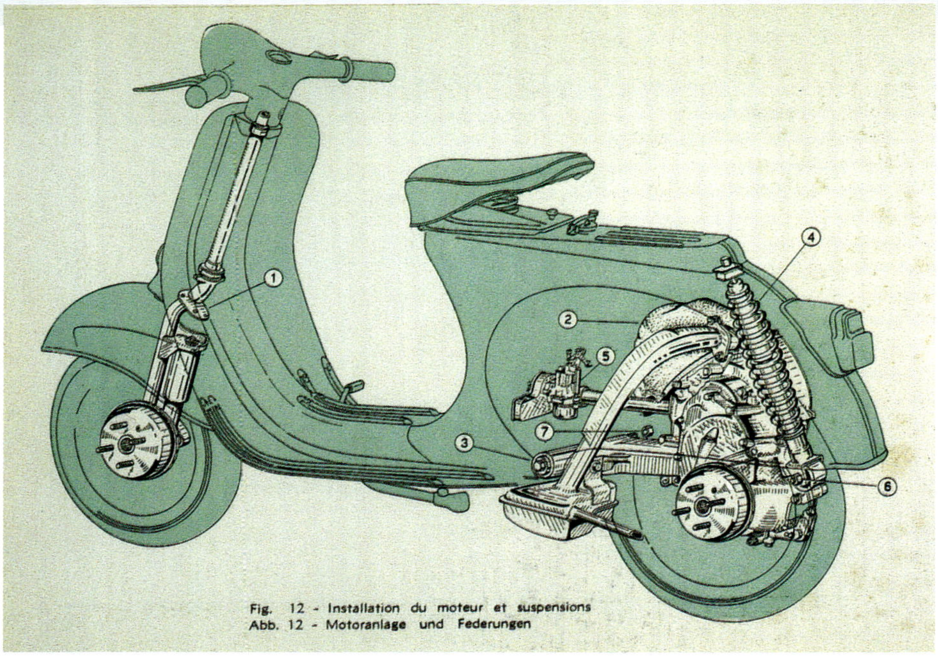

Magnifique vue fantôme de la Vespa 50 : pas de cadre en tube mais une coque en acier sur laquelle se greffent les différents éléments.

Dès 1956, Piaggio met à disposition de ses clients du monde entier un guide pour l'assistance de leur Vespa.

Technique

Le scooter a connu une première vogue dès la fin des années 1910, mais ces scooters-là, quoique voulant offrir protection et confort comme leurs futurs cousins, sont beaucoup plus proches techniquement de la moto que la Vespa, qui en 1946 innove en de nombreux points.

À l'inverse de nombre de ses contemporains, la Vespa n'est pas un scooter construit autour d'un cadre, mais autour d'une coque en tôle d'acier sur laquelle viennent se fixer tous les éléments. À l'époque, cette technologie n'était pas nouvelle en automobile puisque Lancia l'a utilisée dès les années vingt. Elle est cependant encore peu courante et unique en deux-roues.

On a lu ça et là que les besoins d'avions ayant fortement décru après 1945, l'usine Piaggio avait des stocks importants de pièces neuves, comme ces roues de trains d'atterrissage d'avions que l'on retrouve sur la Vespa. Toujours est-il que la technique aéronautique se retrouve sur notre scooter ; c'est naturel d'ailleurs, ses géniteurs ne sont-ils pas des « avionneurs » ?

Enrico Piaggio avait pressenti le besoin de transport individuel bon marché, mais il n'était pas motocycliste et se préoccupait du confort. Il voulait un engin offrant un maximum de protection, et même une roue de secours, ayant souvent remarqué des motocyclistes immobilisés par une crevaison sur les talus des mauvaises routes d'alors.

On voit très bien comment est construite la Vespa, avec sa coque en plusieurs parties soudées entre elles, sur laquelle viennent se fixer les éléments telles les ailes (schéma extrait de RMT).

Ci-contre

En 1953, EPA édite pour la première fois un livret technique sur le scooter Vespa.

À droite

EPA édite une quatrième édition de ce livret technique très complet.

Ci-dessus

Guide d'assistance édité par ACMA en 1959 listant tous les concessionnaires qui effectuent l'entretien et la réparation des scooters Vespa.

Revenons à la « coque » de notre Vespa. L'ingénieur Corradino d'Ascanio, qui va développer tout le projet Vespa, imagine une grosse tôle de près de deux millimètres d'épaisseur, pliée dans le sens de la longueur et formant poutre en forme de U renversé, qui va constituer l'échine de la coque. À l'avant, elle est fixée à la colonne de direction et à l'arrière au bras oscillant, lui-même fixé à son autre extrémité au bloc-moteur et à la roue. Le tablier en tôle plus mince est soudé à la poutre, augmentant sa rigidité et formant un marchepied. La suspension avant est réalisée en s'inspirant de celle d'un train d'atterrissage d'avion. La roue est fixée à cette fourche à roue tirée par l'intermédiaire d'une courte biellette et l'amortissement est confié à des blocs de caoutchouc.

Jusqu'ici, les solutions sont très novatrices et respectent le cahier des charges en

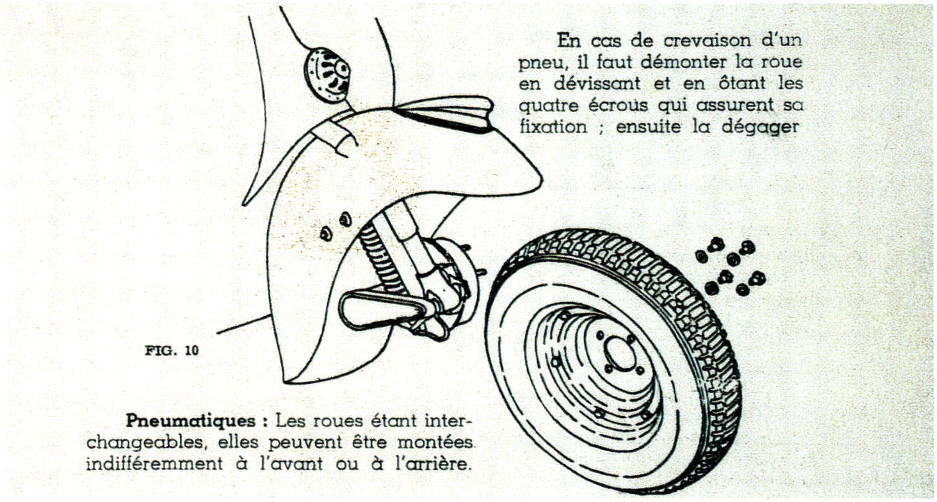

Le garde-boue très enveloppant avec la suspension où l'on comprend bien le principe de la roue tirée : la biellette horizontale est articulée sur la fourche (inclinée) et sur l'axe de roue, qu'elle tire. Les deux roues – tout comme la roue de secours quand elle est présente – sont interchangeables.

matière de protection du pilote. Qui plus est, la fabrication du produit en grandes séries promet d'être économique.

D'Ascanio n'a pas épuisé son imagination et sa logique. Pour alléger et construire à bon marché, il supprime la transmission secondaire habituelle sur un deux-roues et fixe la roue directement sur le moteur dont la sortie de boîte de vitesses reçoit également le bras oscillant. Il n'abandonne donc pas l'idée de suspension arrière : l'autre extrémité du bras est fixée à l'arrière de la coque, comme nous l'avons vu, et l'amortissement est confié à des blocs de caoutchouc. Inconvénient tout de même, le fait d'accoler le moteur à la roue force à le mettre à droite, à côté de la roue, et par conséquent entraîne le déséquilibre du scooter.

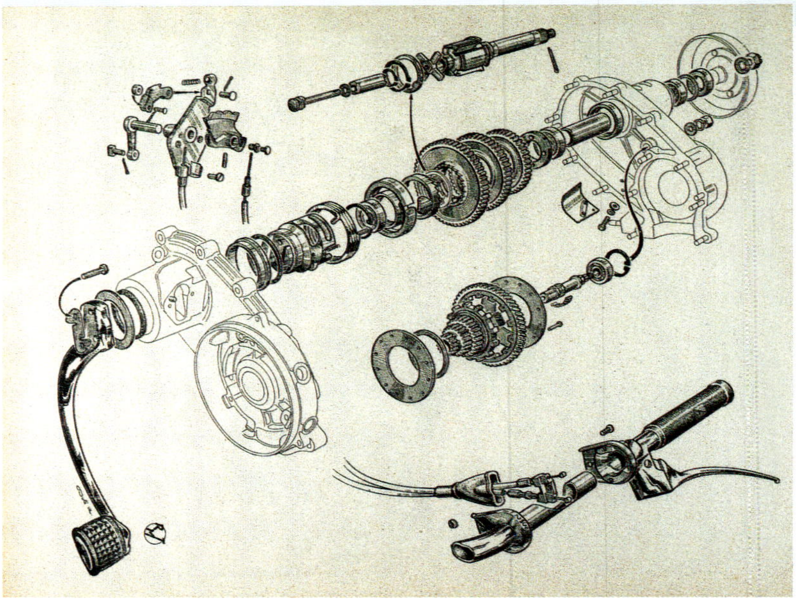

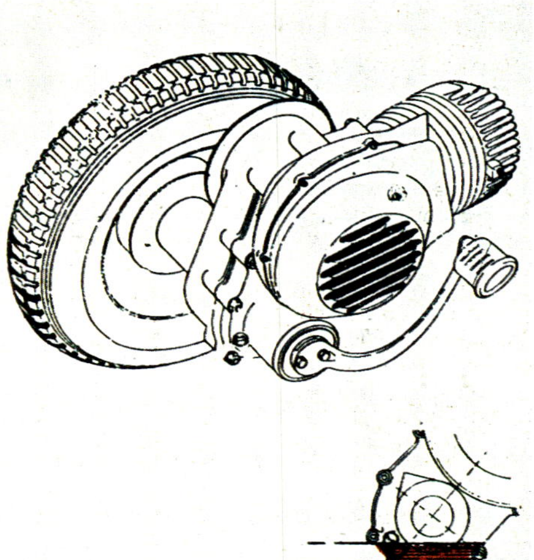

La transmission du moteur (embrayage, boîte de vitesses) est contenue dans le carter partant de la roue et allant à la base du cylindre. Le moteur entraîne donc directement la roue.

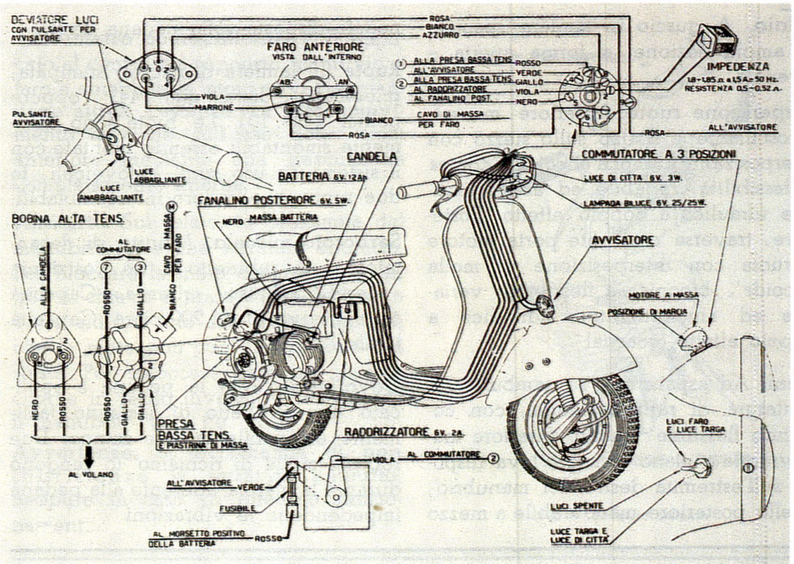

Fig. 3 - Schema impianto elettrico

Le moteur, quant à lui, est un monocylindre deux-temps de 98 cm³ développant la modeste puissance de 3,2 ch, plus simple et facile à fabriquer qu'un quatre-temps, accolé à une boîte de vitesses à trois rapports. Il ne recèle guère d'astuce particulière mais va se révéler robuste et suffisamment économique à l'emploi.

Dans un moteur à explosion, le mouvement est transmis au piston, puis au vilebrequin, par l'énergie obtenue en faisant exploser – et se détendre fortement – un mélange d'air et d'essence. Pour accomplir ce mouvement, le moteur quatre-temps nécessite quatre phases et le deux-temps deux phases seulement.

Dans le premier cas, les quatre phases sont Admission (le piston descend dans le cylindre et aspire les gaz), Compression (le piston remonte, la soupape d'admission qui

En haut

La boîte de vitesses est composée de deux trains de pignons. Le premier est entraîné par le moteur et entraîne à son tour le second, qui fait tourner la roue.

Ci-dessus

Cette vue fantôme de la 150 GS de 1955 nous offre son schéma électrique. Notez le cylindre horizontal aileté situé sur la droite de la roue arrière.

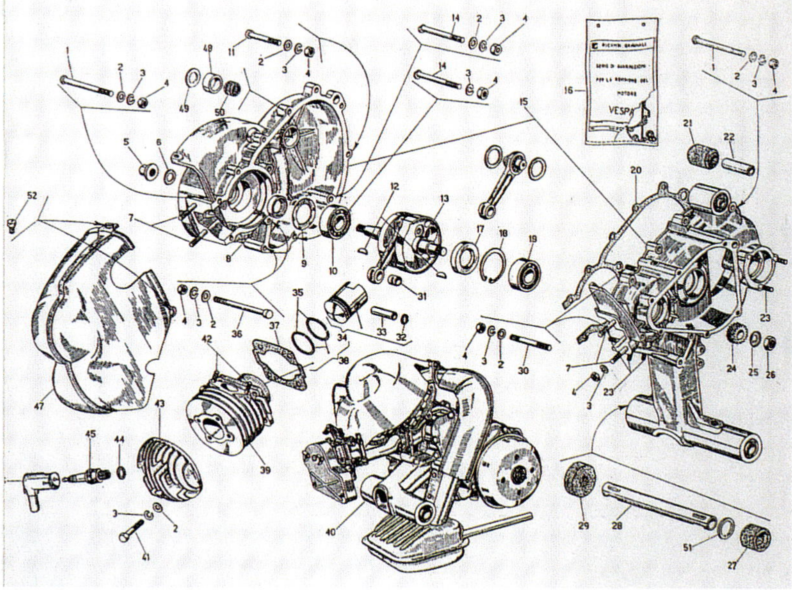

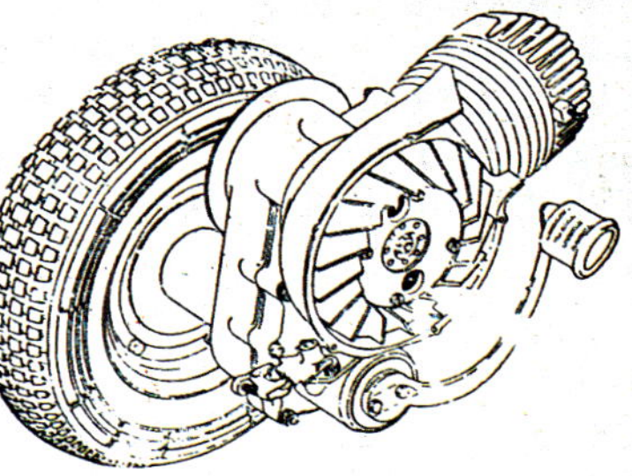

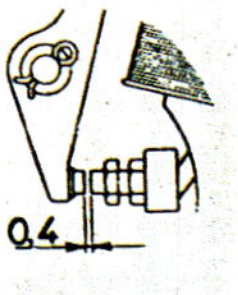

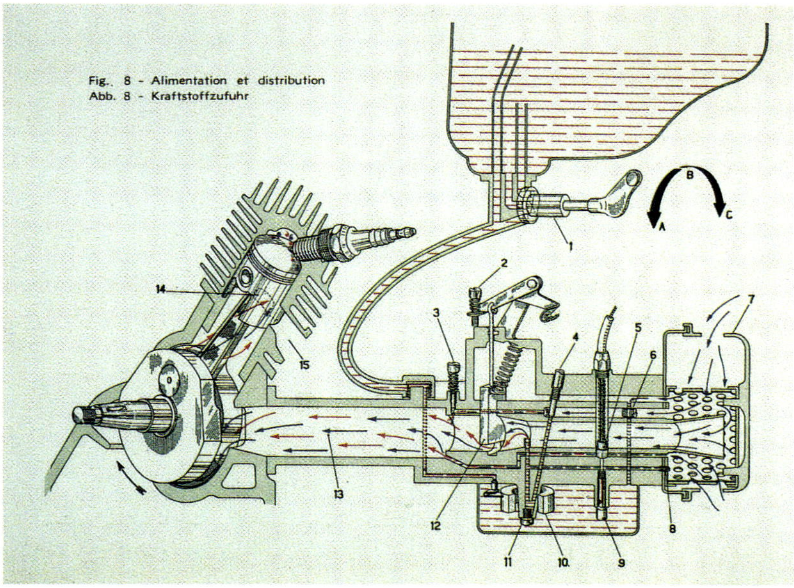

En haut

Le moteur monocylindre deux-temps est classique. Le piston plat est caractéristique de tous les modèles à partir de 1953 (excepté la 125 U de 1953).

En haut à droite

Le carter ajouré ôté, on voit le volant magnétique qui aspire l'air frais grâce à des ailettes formant turbine, qu'il entraîne en tournant. L'air frais est projeté sur le cylindre.

Ci-dessus

Coupe stylisée de la distribution des gaz. L'essence ou particule d'essence (en rouge) mélangée à l'air (en bleu) est aspirée par le piston mais doit auparavant passer par des gicleurs et conduits dans le carburateur, à droite.

laissait passer les gaz se referme), Explosion (une étincelle se forme à la bougie, enflammant les gaz ; le piston est projeté vers le bas) et Échappement (la deuxième soupape, celle d'échappement, s'ouvre, le piston remonte et chasse les gaz brûlés à l'extérieur du cylindre). Puis le cycle recommence.

Dans le moteur deux-temps, pas de soupape et leur entraînement ; c'est le piston qui règle l'admission et l'échappement des gaz. Des orifices appelés lumières sont pratiqués dans les parois du cylindre, permettant, quand le piston les découvre, d'admettre ou de laisser s'échapper les gaz. Dans le premier des deux temps, le piston monte, le bas de sa jupe (sa paroi verticale) découvre progressivement la lumière d'admission. La dépression causée par la remontée du piston aspire les gaz frais qui rentrent donc dans le bas du moteur, au-dessous du piston. À l'opposé, le piston en montant compresse des gaz frais (admis lors du temps précédent) tout en chassant les gaz brûlés lors de la précédente explosion dans la lumière d'échappement. En fin de compression, l'étincelle de la bougie fait exploser les gaz et descendre le piston, le deuxième temps débute. C'est le temps de descente du piston ; il pousse les gaz au-dessous de lui, qui remontent dans les transferts, des conduits verticaux parallèles au cylindre. Les gaz débouchent à l'intérieur du cylindre, par des lumières. Le cycle peut recommencer. Ce système est moins onéreux à mettre en œuvre que le « quatre-temps »,

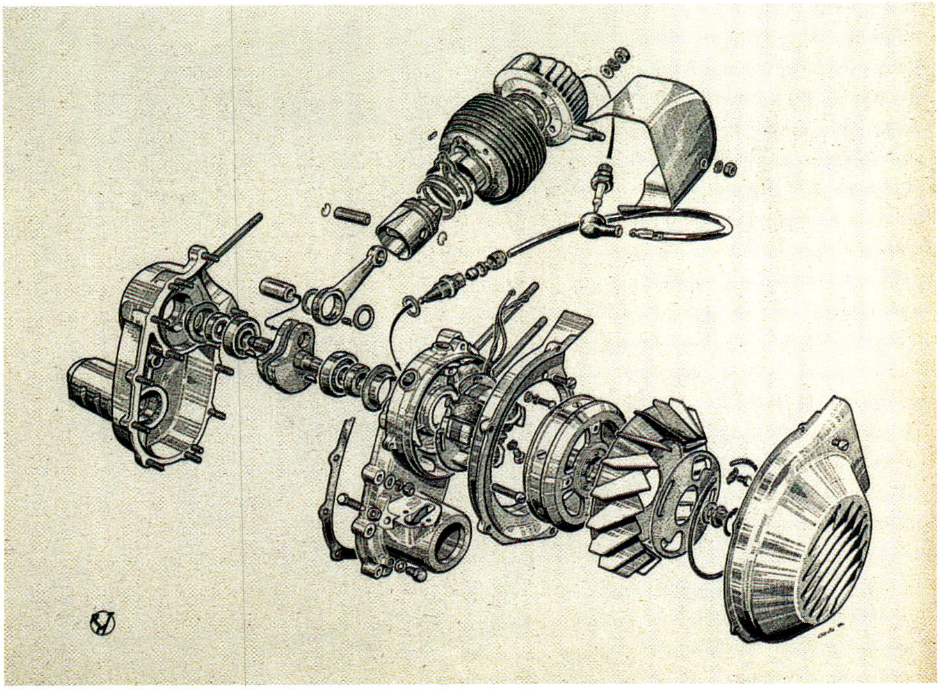

Ensemble propulseur de la première génération avec son piston à déflecteur (protubérance supérieure) destiné à canaliser les gaz.

mais vous aurez remarqué que les gaz frais et les gaz brûlés se côtoient, ce qui occasionne des pertes que l'on peut minimiser par certains artifices, mais pas éliminer. D'où une consommation structurellement plus importante pour un deux-temps que pour un quatre-temps.

Revenons à notre engin : la commercialisation a lieu en 1946 mais dès 1948 la Vespa évolue de manière importante. Le moteur cube à présent 125 cm^3 et est refroidi non seulement par ses simples ailettes sur la culasse et le cylindre, mais également à présent par une turbine fixée sur le rotor du volant magnétique, technique déjà testée sur l'ultime version du 98 cm^3. L'ensemble cylindre-culasse est capoté pour bénéficier du flux d'air frais. Enfin, pour neutraliser le déséquilibre dû au moteur déporté à droite, c'est la roue avant qu'on imagine de décaler d'un petit centimètre à gauche, après avoir pensé à déporter le pilote lui-même. Mais là, la gène était sensible pour lui, l'obligeant à adopter une position asymétrique, ce qui n'est pas très agréable comme sensation.

Les suspensions évoluent également : l'arrière reçoit un ressort et un amortisseur hydraulique à la place des blocs de caoutchouc, et l'avant un ressort simple. Il faut attendre 1951 pour le voir lui aussi recevoir un amortisseur hydraulique, ainsi qu'une sélection des vitesses par câbles et non plus par tringles.

En 1953, des améliorations du moteur permettent de lui faire atteindre cinq chevaux. À partir de là, la Vespa va évoluer d'année en année, la gamme s'enrichissant d'une variété de modèles.

Voici quelques fiches techniques détaillées de quelques modèles-clés de la gamme Vespa :

	VESPA 98 1946	VESPA 125 1948
Moteur	Monocylindre deux-temps refroidi par air	Monocylindre deux-temps refroidi par air forcé
Distribution	Piston à déflecteur, 1 transfert	Piston à déflecteur, 3 transferts
Alésage x course	50 x 50 mm	56,5 x 49,8 mm
Cylindrée	98 cm^3	124,9 cm^3
Puissance au régime de	3,2 ch à 4.500 tr/mn	4,5 ch à 4.500 tr/mn
Lubrification	Mélange à 5 % d'huile	Mélange à 5 % d'huile
Allumage	Volant magnétique	Volant magnétique
Carburateur	Dell'Orto TA 17	Dell'Orto TA 17
Embrayage	Multidisque dans l'huile	Multidisque dans l'huile
Boîte de vitesses	3 rapports commandés par tringles et levier au guidon	3 rapports commandés par tringles et levier au guidon
Fourche avant	À roue poussée et ressort caoutchouc	À roue tirée et ressort métallique
Suspension ar.	Oscillante avec ressorts caoutchouc	Oscillante avec ressort et amortisseur hydraulique
Pneus	3,50 x 8	3,50 x 8
Freins	2 tambours simple-came	2 tambours simple-came
Poids	60 kg	70 kg
Vitesse maximale	60 km/h	70 km/h

Le premier modèle de 1946 est la seule Vespa à roue poussée, son moteur « respire » à travers des grilles pratiquées à l'avant et à l'arrière de l'aile droite. Sur le modèle de 1948, la grande nouveauté est le passage à 125 cm^3 et les suspensions à ressorts et non plus sur boudins caoutchouc. C'est la dernière Vespa à vitesses commandées par tringles.

	VESPA 125 1953	VESPA 160 GS 1962
Moteur	Monocylindre deux-temps refroidi par air forcé	Monocylindre deux-temps refroidi par air forcé
Distribution	Piston plat, 2 transferts	Piston plat, 2 transferts
Alésage x course	54 x 54 mm	58 x 60 mm
Cylindrée	123,67 cm^3	158,5 cm^3
Puissance au régime de	5 ch à 5 000 tr/mn	8,2 ch à 6 500 tr/mn
Lubrification	Mélange à 5 % d'huile	Mélange à 5 % d'huile
Allumage	Volant magnétique	Volant magnétique
Carburateur	Dell'Orto TA 18	Dell'Orto SI 27/23
Embrayage	Multidisque dans l'huile	Multidisque dans l'huile
Boîte de vitesses	3 rapports commandés par câbles et levier au guidon	4 rapports
Fourche avant	À roue tirée, ressort et amortisseur hydraulique	À roue tirée, ressort et amortisseur hydraulique
Suspension ar.	Oscillante amortisseur téléhydraulique	Oscillante amortisseur téléhydraulique
Pneus	3,50 x 8	3,50 x 10
Freins	2 tambours simple-came	2 tambours simple-came
Poids	86 kg	110 kg
Vitesse maximale	75 km/h	100 km/h

Première évolution importante du moteur 125 avec rapport d'alésage carré (54 x 54 mm) et non plus super-carré, favorisant les reprises, et surtout abandon de l'ancien système avec piston portant un lourd déflecteur, au profit d'un piston plat plus léger. La 160 GS est redessinée avec une selle biplace.

	VESPA 125 PRIMAVERA 1968	VESPA 200 RALLY 1972
Moteur	Monocylindre deux-temps refroidi par air forcé	Monocylindre deux-temps refroidi par air forcé
Distribution	Distributeur rotatif	Distributeur rotatif
Alésage x course	55 x 51 mm	66,5 x 57 mm
Cylindrée	121 cm^3	197,9 cm^3
Puissance au régime de	5,6 ch à 5 500 tr/mn	12,3 ch à 5 700 tr/mn
Lubrification	Mélange 2 % d'huile	Mélange 2 % d'huile
Allumage	Volant magnétique	Electronique
Carburateur	Dell'Orto SHB 19	Dell'Orto SI 24
Embrayage	Multidisque dans l'huile	Multidisque dans l'huile
Boîte de vitesses	4 rapports commandés au guidon	4 rapports commandés au guidon
Fourche avant	À roue tirée, amortisseur téléhydraulique	À roue tirée, amortisseur téléhydraulique
Suspension ar.	Oscillante amortisseur téléhydraulique	Oscillante amortisseur téléhydraulique
Pneus	3,00 x 10	3,50 x 10
Freins	2 tambours simple-came	2 tambours simple-came
Poids	74 kg	101 kg
Vitesse maximale	85 km/h	116 km/h

Grand succès de la gamme, la 125 Primavera voit sa coque allongée pour plus de stabilité, l'œil exercé le remarquera. L'admission par distributeur rotatif permet un gain de puissance et de vitesse maximale.

La 200 Rally est, quant à elle, la plus puissante des Vespa jamais fabriquées. Avec plus de 12 chevaux, elle dépasse les 115 km/h. Sa selle biplace est particulièrement confortable.

	VESPA 125 PX 1978	VESPA 125 ET4 1996
Moteur	Monocylindre deux-temps	Monocylindre quatre-temps
Distribution	Distributeur rotatif	Arbre à cames en tête
Alésage x course	52,5 x 57 mm	57 x 48,6 mm
Cylindrée	123,4 cm^3	124,2 cm^3
Puissance au régime de	7,75 ch à 5 750 tr/mn	12 ch à 6 500 tr/mn
Lubrification	Mélange 2 % d'huile	Pompe, double filtre, radiateur d'huile intégré
Allumage	Volant magnétique	Electronique
Carburateur	Dell'Orto SI 20	Mikuni à dépression
Embrayage	Multidisque dans l'huile	Automatique
Boîte de vitesses	4 rapports commandés au guidon	4 rapports commandés au guidon
Fourche avant	À roue tirée, amortisseur téléhydraulique	À roue tirée, amortisseur téléhydraulique
Suspension ar.	Oscillante amortisseur téléhydraulique	Oscillante amortisseur téléhydraulique
Pneus	3,50 x 10	3,50 x 10
Freins	2 tambours simple-came	Disque hydraulique / tambour simple-came
Poids	81 kg	104 kg
Vitesse maximale	95 km/h	95 km/h

Le PX de 1978 sera sans doute le plus vendu des scooters Vespa. Sa ligne a été modernisée, avec des angles plus marqués. L'ancrage du combiné amortisseur est à présent à l'aplomb de l'axe de la roue. La Vespa ET4 succombe à la mode du moteur quatre-temps, moins polluant, même si Piaggio poursuit ses recherches dans le deux-temps.

Compétition

Bien que le scooter soit plutôt catalogué comme un véhicule pacifique, il s'est pourtant vu transformé en engin de course afin de relever certains défis. En effet, dans le but de promouvoir une image plus compétitive face à son principal concurrent, le Lambretta d'Innocenti, Piaggio oriente, dès la fin des années quarante, l'attention de ses essayeurs et la Vespa vers des exploits et records. Par la même occasion, la tradition de la firme dans le domaine aéronautique se perpétue. Du coup, le pacifique scooter qui sert avant tout à se rendre au travail ou à partir en vacances se voit « coursifié ». Ainsi le 7 avril

Sur la couverture du magazine spécialisé Moto Revue, *un essayeur de chez Vespa-ACMA fait des essais, notamment sur la suspension.*

1950, sur l'anneau de Montlhéry, lors d'un essai de près de dix heures, avec trois pilotes (Castiglioni, Mazzoncini et Romano) se relayant, Vespa obtient pas moins de dix-sept records mondiaux ! Parmi eux, celui de l'heure avec la vitesse moyenne de 134 km/h, des 100 miles (129,7 km/h), des 500 miles (123,9 km/h), des 1 000 kilomètres (124,3 km/h) et des 10 heures avec 1 049 kilomètres parcourus. On s'en doute, Lambretta réplique à chaque fois, et une guerre fratricide s'ensuit entre les deux grands constructeurs italiens de scooters.

L'année suivante, le 9 février 1951, Vespa atteint son plus prestigieux record en couvrant un kilomètre entre la dixième et onzième balise de kilomètre de l'autoroute Rome-Astie en 21,04 secondes. Munie d'un moteur bicylindre à plat deux-temps de 124,5 cm^3, dessinée par Corradino d'Ascanio et Vittorio Casini, pilotée par Dino Mazzoncini, la Vespa « Siluro » réussit le record à une vitesse moyenne de 171,10 km/h. Sa puissance est de 17,2 chevaux à 9 500 tr/mn pour un alésage x course de 42 x 45 mm, la boîte de vitesses est à quatre rapports et les pneus sont des 3,00 x 10 pouces spécialement fabriqués par Pirelli.

S'il est un pilote français à la renommée universelle, dans les années cinquante, c'est bien Georges Monneret. Il va se charger lui aussi à sa manière de promotionner la Vespa. Le 26 février 1952, il part à minuit en compagnie de Jenny Miller, une chanteuse de jazz, pour un raid hivernal de Paris à l'Alpes d'Huez au guidon d'une Vespa-Acma 125 de série. Son but est de prouver que voyager à Vespa est plus économique et rapide que le train. Résultat : le duo arrive à 12 h 03 précises à l'Alpes d'Huez après avoir bravé brouillard, neige, givre et froid en pleine nuit. Le tout à une moyenne de 51,53 km/h, ravitaillement compris, pour une distance de 621 kilomètres. L'exploit est accompli et le coût du trajet s'avère cinq fois moins cher que celui du train, la Vespa ne consommant que trois litres aux cent.

Huit mois plus tard, le 8 octobre 1952, à minuit, Georges Monneret se fixe un nouveau défi : traverser la Manche à Vespa pour relier Paris à Londres via Calais et Douvres. Il part de la place de la Concorde à Paris à minuit et atteint Calais après 4 h 55 de route pour installer sa Vespa 125 sur une coque flottante, composée de deux flotteurs et d'une plate-forme. La roue avant de la Vespa

En haut

Georges Monneret lance son premier défi à la Vespa avec le raid Paris-Alpes d'Huez.

À gauche

Une fois le raid Paris-Alpes d'Huez réalisé, Monneret fait du ski sur sa Vespa !

Monneret rentre à Paris avec un jerrycan rempli d'essence en Algérie.

« amphibie » fait office de gouvernail alors que la roue arrière actionne un galet qui entraîne une hélice à trois pales. Un réservoir supplémentaire de dix litres est également installé sous la selle arrière du scooter. Pour relier les trente-deux kilomètres qui séparent Calais de Douvres, Monneret trouve sa vitesse de croisière en deuxième. Mais rapidement, la clavette de l'arbre de transmission casse. La réparation n'étant pas possible dans l'immédiat à cause de la mer agitée, Monneret doit rebrousser chemin vers Calais. Dès le lendemain, à huit heures, Georges « remet les voiles » et après 5 h 30 de navigation, il atteint triomphalement la côte anglaise. Au total, si l'on ne tient pas compte des aléas de la mécanique et des arrêts, il aura fallu seulement quinze heures à Georges Monneret pour effectuer ce trajet. L'exploit, exécuté sur une Vespa 125 amphibie fixée à un catamaran, déclenche une vague d'émulation. À partir de là, les grands voyages à scooter deviennent à la mode.

Puis en 1959, Monneret se lance un nouveau défi en voulant ramener un jerrycan de pétrole saharien en un temps record. Le 27 avril à 13 heures, notre Georges se voit remettre le bidon symbolique par Herzog, haut-commissaire à la Jeunesse et aux Sports. Puis il quitte la place de l'Étoile de Paris au guidon d'une Vespa 150 pour Hassi Messaoud en Algérie, alors en pleine guerre civile. Cinq jours plus tard, le 2 mai 1959, Monneret est effectivement de retour avec un bidon plein d'essence qu'il remet au capitaine Dupuy ! Bilan de ce raid : 3 520 kilomètres parcourus en soixante-six heures, soit une moyenne de 53,4 km/h, ce qui représente un véritable exploit compte tenu des conditions de la traversée : pluie, vent, mistral, chaleur, vent de sable, sirocco, sans oublier une nuée de sauterelles quelque part sur les plateaux désertiques !

Plus tard, en novembre 1964, l'Italien Roberto Patrignani quitte Milan au guidon d'une Vespa 150 et atteint au bout de trois

Danielle Delorme donne le départ à l'expédition de quatre scootéristes pour Paris-Tibet le 16 avril 1951.

Daniel et Françoise Sauvage, auteurs du livre Ma Vespa, ma femme et moi, *au départ de leur périple autour de la Méditerranée le 2 avril 1954.*

Deux étudiants indiens, Nitsh et Ioon, viennent de relier Calcutta à Paris en 1955 et sont félicités par la chanteuse Lucienne Delyle.

mois Tokyo, au Japon, le soir des Jeux olympiques. « Il n'y a pas de scooters sans tourisme ! » avertissait un magazine de moto italien en 1953. En effet, Vespa a contribué à la naissance d'une certaine forme de tourisme pour de nombreux Européens. Alors que voyager en voiture éveille richesse et prospérité, voyager au guidon d'un scooter est synonyme d'aventure.

En ce qui concerne les rallyes, Vespa se défend à sa façon. Même si elle ne figure pas dans les classements du célèbre « Milan-Tarente » où Lambretta, MV Agusta et Iso s'affirment, elle remporte la médaille d'argent en 1948 et celle d'or en 1951 aux « Six jours internationaux » à Varèse. Par la suite, face à MV Agusta et son « habitude » des compétitions, Piaggio, tout comme Innocenti, cède du terrain et finit par se retirer en 1951. En contrepartie, Piaggio crée avec les Vespa clubs des rencontres monomarques, dont la première et la plus connue est « Les mille kilomètres » qui forme une boucle de mille kilomètres autour de Brescia. À partir de 1953, c'est le « Giro dei tre mari », le tour des trois mers, qui enflamme les vespistes. Véritable épreuve d'endurance, elle se déroule dans le sud de l'Italie sur près de 1 700 kilomètres et connaît de nombreux adeptes.

Ci-contre

Valerio Fiora est le vainqueur du « Giro dei tre mari » de 1961.

En bas

Un vespiste français lors du « Giro dei tre mari » de 1962.

Page de droite à gauche

L'Eurovespa s'effectue en Belgique en 1962.

Page de droite au milieu

Franco Grasselli est pour la seconde fois le champion d'Italie pour le rallye de régularité Vespa de 1963.

Ci-dessous

En 1961, les vespistes se retrouvent en Allemagne à l'occasion de la troisième édition de l'Eurovespa.

Ci-dessous

Il existe dès 1962 une épreuve de régularité en Italie pour les Vespa.

Ci-dessous et en bas

La revue italienne La Moto *a fréquemment relaté les rallyes organisés par Vespa, tels que le célèbre « Giro dei tre mari ».*

Même le coureur automobile argentin, Juan Manuel Fangio, pose sur une Vespa GS !

2.6. Vespa aujourd'hui et demain

La gamme de Piaggio en 2000 met toujours en avant des scooters.

Les années soixante-dix représentent un test pour l'économie des pays développés, sensibilisés depuis le choc pétrolier de 1973. Piaggio démarre dès 1970 la production de nouveaux cyclomoteurs : le Boxer en 1970, le Bravo en 1973 et le « SI » en 1979. En parallèle, la 125 Gilera remporte le championnat de cross d'Italie. La décennie suivante – les années quatre-vingt – commence également dans un contexte d'instabilité considérable. Sur le marché du deux-roues, la compétition parmi les plus grands constructeurs se fait à l'échelle mondiale. Dès 1980, Piaggio rentre dans le secteur du vélo en signant un accord de collaboration commerciale et industrielle avec la société FIV Bianchi, créée en 1885 et basée à Treviglio. Puis Piaggio Adriatica est

Ci-dessus

Le cyclomoteur Boxer sort dès 1970.

En haut à gauche

Le Boxer aura même une seconde version avec le Boxer 2.

À gauche

En 1976, Vespa possède toute une gamme de cyclomoteurs : Ciao, Boxer et Bravo.

À droite

En 1979, Piaggio présente un autre cyclomoteur : le SI.

Ci-contre

Le cyclomoteur Bravo sort en 1973.

À droite

Piaggio met en avant la Vespa PK au début des années quatre-vingt.

fondée pour la fabrication de composants pour automobiles et motocyclettes. Dès l'année suivante, Piaggio acquiert des actions de la société Bianchi, alors que Gilera met au point des moteurs quatre-temps de 350 et 500 cm³. En 1985, afin de diversifier ses propres activités, Piaggio s'associe au groupe

Ci-dessus

La 125 PK automatique en 1984.

À droite

En 1987, Piaggio sort un nouveau scooter, la Cosa.

Pro-Ind à Turin, tandis que Piaggio Adriatica signe un accord avec Mitsubishi pour la production et la vente de turbocompresseurs. En 1987, Piaggio lance un nouveau scooter, la Cosa (en italien : la chose), doté d'un nouveau design et d'innovations techniques pour faire face à la concurrence japonaise. Quant à Gilera, elle enfonce le clou sur le marché italien avec sa gamme de 125 cm³. Toujours la même année, Piaggio prend le contrôle du département deux-roues de la firme autrichienne Steyr-Daimler-Puch, dont la chaîne de montage est transférée à l'usine de Pontedera.

Piaggio, le leader européen en matière de scooters, conçoit à nouveau sa propre structure organisationnelle. En 1988, Umberto Agnelli quitte la société Piaggio & Cie pour être remplacé par Gustavo Denegri, tandis que son propre fils, Giovanni Agnelli, devient vice-président. Piaggio Europe naît sous le nom « Piaggio Veicoli Europei ». Le siège se trouve à Pontedera alors que toutes les activités commerciales et industrielles de Piaggio fusionnent dans cette même structure. Quant à Gilera, avec la 125 MX1 de série, elle remporte quatre records du monde sur le circuit de Nardo. Le 1er janvier 1989, la société Piaggio devient un holding financier et immobilier dont le siège social se trouve à Pise.

Puis en 1990, Piaggio lance le scooter Sfera, premier d'un style nouveau, récompensé par un Compas d'or (prix de design), tandis que Giovanni Alberto Agnelli prend la direction de Piaggio en 1993. Les changements qui ont caractérisé l'Europe du début des années quatre-vingt-dix ont formé un nouveau monde qui se dirige à grand pas vers le « village global » prédit par McLuhan. La conviction de la nécessité d'une innovation constante du produit ainsi qu'une meilleure qualité de vie sont les leitmotivs de Piaggio. De surcroît, on y retrouve les critères suivants : nouveaux besoins de mobilité, liberté et protection de l'environnement. Du coup, en 1993, Piaggio introduit l'Hexagon, un nouveau concept intermédiaire entre la moto et l'automobile.

Rester libre tout en étant mobile ! C'est le principe de base de Piaggio pour tous ses modèles. En effet, ils répondent tous au fort désir d'indépendance des jeunes et contribuent à améliorer la qualité de vie de chacun tout en aidant à résoudre les problèmes de mobilité individuelle. À l'occasion de son 110e anniversaire, Piaggio publie *Une Légende dans le futur* de Tomaso Fanfani. Ce livre relate l'histoire de la compagnie selon la perspective historico-économique et est suivi d'une série d'essais. En 1995, *Le Livre de la communication* de Maurizio Boldrini et Omar Calabrese puis, un an plus tard, *Le Culte Vespa*, recueil de contributions d'écrivains renommés sur les cinquante ans du plus célèbre scooter.

Le désir de préserver les souvenirs historiques de son aventure industrielle et sociale a mené Piaggio Europe à ouvrir des archives historiques ainsi qu'un musée portant le nom d'Enrico Piaggio. Puis, avec l'objectif de promouvoir les activités et initiatives scientifiques et culturelles, la Fondation Piaggio est constituée en 1994.

Piaggio démarre les années quatre-vingt dix avec le Sfera.

Nouvelle génération

Après plusieurs mois de recherches et de développements, au début de l'année 1996, les premiers essais sur route des Vespa « Nouvelle génération » commencent dans l'arrière-pays australien. Les données collectées au cours du périple de 4 000 kilomètres sont transmises par Internet dans les « hautes sphères » de l'usine de Pontedera, où elles sont examinées en temps réel.

Giorgio Bettinelli perpétue la tradition des rallyes de longues distances qui ont tant marqué l'histoire du scooter depuis le début des années cinquante. Son incroyable voyage, qui prit fin à la veille de la présentation de la nouvelle génération de Vespa, l'a conduit d'Australie en Afrique du Sud : un voyage à travers vingt-deux pays au guidon d'une Vespa PX 150 E. En 52 000 kilomètres, on raconte qu'il a seulement dû changer deux bougies et un pneu !

À droite

La Vespa/A de 1994.

Ci-dessous

La Vespa « Nouvelle génération », ici la ET4, nous fait aller encore plus loin...

Déjà depuis plusieurs années, les techniciens de Piaggio abordaient le problème des émissions de gaz polluants propres au moteur de deux-temps, afin de le réduire au maximum. De ces recherches et développements est né le moteur du Vespa ET2 : le premier scooter deux-temps à injection. Tout en maintenant les mêmes performances, Piaggio a diminué le niveau de pollution ainsi que la consommation de carburant.

La ligne de production de la première Vespa nouvelle génération se met en marche à Pontedera le 7 juin 1996. L'usine de Toscane a atteint un seuil de production de 250 unités par jour, soit une moyenne d'une unité toutes les trois minutes et demie. Bien entendu, les technologies les plus avancées et hautement automatisées sont utilisées. Une coque de Vespa se constitue de trente pièces assemblées en 340 points et nécessite 40 cm de soudure.

Les modèles ET2 et ET4 sont nés comme les premières Vespa, c'est-à-dire à partir d'une évaluation attentive des besoins et attentes de la société actuelle, prenant en

... Et nous emporte sur la vague Vespa.

compte la prise de conscience sur l'environnement. Vespa peut aussi se vanter d'une qualité de fabrication excellente, testée sous la norme européenne ISO 9002 obtenue en 1996.

Renouveler un mythe est souvent difficile, et parfois risqué. Les produits-cultes génèrent souvent un ensemble de sentiments et d'expériences totalement immatériels, donc incontrôlables. Piaggio a relevé le défi et on peut dire qu'il l'a gagné avec les Vespa « Nouvelle génération » : ce sont des scooters qui gardent les mêmes lignes que celles de la tradition Vespa. À une époque où le scooter a muté, par exemple avec une carrosserie en plastique, Piaggio conserve une carrosserie en acier.

En harmonie avec la meilleure tradition chez Vespa, la présentation du nouveau scooter est enrichie par une nouvelle gamme d'accessoires. Cette fois-ci, Piaggio a lancé « le style de vie Vespa », une série de créations élégantes dessinée par les marques à la mode et dédiée à tous les adeptes du monde Vespa.

Cinquante ans plus tard, Piaggio choisit à nouveau Rome pour présenter ses nouveaux modèles, les ET2 et ET4, les Vespa du troisième millénaire. Les 19 et 20 septembre 1996, sept cents journalistes et 2 600 invités de soixante pays différents affluent vers le plus grand événement jamais organisé par Piaggio. « Le succès de Vespa », écrit Giovanni Alberto Agnelli, à la tête de Piaggio Europe, à l'occasion de la présentation de la nouvelle Vespa, « n'aurait pu être possible sans la contribution de toutes les personnes qui ont travaillé, et qui travaillent chez Piaggio. »

Cinquantenaire Vespa

L'usine de Pontedera célèbre le cinquantenaire de Vespa en 1996 mais aussi celui de la nouvelle génération de scooters par plusieurs jours de shows et de concerts. Piaggio ne manque pas l'occasion de « sortir le tapis rouge » et le rassemblement attire en Toscane pas moins de neuf cents vespistes représentant 166 clubs répartis dans quatorze pays. Pour ce faire, Piaggio n'hésite pas à faire appel à une douzaine d'affichistes de différentes nationalités. Parmi eux, on peut citer l'Australien Kenneth Cato, le Japonais Shigeo Fukuda, l'Américain Milton Glaser, l'Italien Italo Lupi, le Suisse Jean Widmer, Alan Fletcher et Andrea Rauch.

Enfin, même la Poste d'Italie a elle aussi, à sa manière, célébré le cinquantenaire de Vespa en sortant un timbre commémoratif d'une affiche dessinée par Raymond Savignac.

À l'occasion du cinquentenaire de Vespa, le calendrier de 1996 renoue avec la tradition ancienne : les stars du cinéma posent avec la Vespa.

Ère moderne

Les années d'universalité ont changé nos façons de communiquer. Ainsi Internet, le réseau informatique réparti dans le monde entier, a la capacité de connecter des millions de surfeurs sur des sites. Piaggio a ouvert son propre site sur le http://www.piaggio.com qui comprend des informations, des photos et même des vidéos. Le surfeur roule sur le site Vespa à travers le temps. La principale caractéristique du nouveau scooter Piaggio est qu'il faut juste l'enfourcher pour partir voyager à travers le temps. En effet, un scooter amène l'internaute à l'époque du film *La dolce vita* et des Mods anglais en 1969, puis saute vers le futur, en 2046, lorsque Vespa aura cent ans. « Vespa, explique le directeur commercial, Moshe Braka, a toujours été un choc d'histoires d'amour. Et dans ce film, comme elle l'a fait à chaque époque de sa fabrication, elle combine mode et style. Les jeunes protagonistes redécouvrent la Vespa et son idéal féminin. »

À l'heure actuelle, Piaggio a lancé non seulement la Vespa ET2 Injection (le premier deux-temps à injection directe), la 125 ET4 (quatre-temps), mais aussi la 150 ET4. Il s'agit d'un quatre-temps à moteur Piaggio LEADER (Low Emission Advanced Engine Range).

D'autre part, Piaggio a fini par créer son propre musée « Giovanni Alberto Agnelli » dédié au successeur d'Enrico Piaggio. Il est situé à côté de l'usine de Pontedera. Inauguré en avril 2000, plus d'une centaine de modèles retracent l'histoire de la firme : le MP5 Paperino de 1943-1944 (prototype de la Vespa), la Vespa 98 de 1946 (première Vespa de série), la Vespa « Siluro » de 1951 (Vespa de record), une 150 GS de 1955 (première Vespa sportive), une 90 SS de 1966… Du fait de leur rachat par Piaggio en 1969, les motos Gilera sont également exposées dans ce musée, dont la célèbre 500 Rondine quatre-cylindres à compresseur des années trente.

À la fin de l'an 2000, après quinze ans d'absence aux États-Unis, la Vespa revient sur ce territoire avec l'importation de la 50 ET2 et de la 150 ET4. À cette occasion, Piaggio organise une grande fête dans les studios de la Paramount à Hollywood. Son objectif est d'imposer le scooter outre-Atlantique comme un complément à l'automobile pour les trajets courts. Steven Spielberg et Leonardo di Caprio sont les premiers sur la liste d'attente. Ainsi la tradition est sauvée !

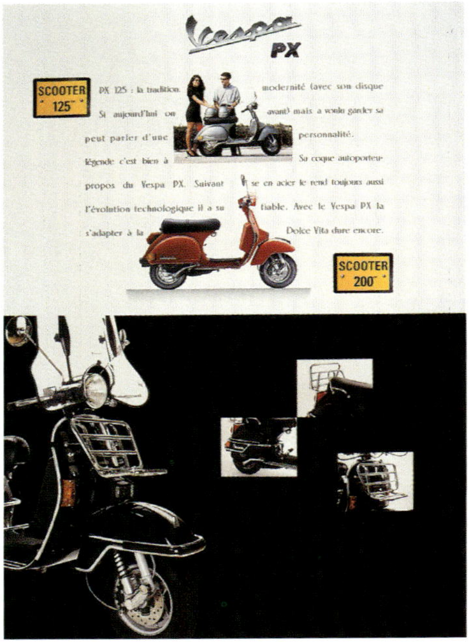

Ci-contre

Le traditionnel PX fait toujours partie de la gamme en 2000.

Ci-dessous

Publicité de la 125 Gilera DNA en 2000.

Le bilan de l'année 2000 pour les scooters sur le marché européen est plus que prometteur. En effet, alors que la moto perd du terrain, le scooter immatriculé enregistre une hausse de 25 % pour les 100 et 125 cm³ et de 30 % pour les cylindrées supérieures. Ce type de véhicule touche, à la fin du second millénaire, toutes les catégories d'usagers : automobilistes et adeptes des transports en commun, femmes, jeunes, employés, cadres supérieurs et même motards confirmés. Dans les grandes villes, telles que Rome ou Paris, le scooter est même considéré comme un véhicule à part entière. En Italie, le scooter enregistre une progression de 72,3 %, un véritable raz de marée certainement dû au fait que le port du casque étant devenu obligatoire en ville pour les 50 cm³, les usagers se reportent massivement sur des scooters de cylindrées supérieures. Le scooter n'est plus considéré comme « l'utilitaire du pauvre », surtout dans sa version tout confort GT ! De nombreux concepts voient le jour : BMW avec le C1, Benelli avec l'Adiva, Piaggio avec le X9, Gilera avec le DNA… Piaggio (et Gilera) est toujours leader bien que la concurrence soit acharnée avec l'YP de Yamaha et MBK.

Enfin, la grande nouveauté pour Piaggio pour ce début du troisième millénaire, c'est sa

Piaggio sort le X9, le scooter version GT à la fin des années quatre-vingt-dix. Ici, il fait la une du journal moto italien Motociclismo.

prise de contrôle à 100 % de la société espagnole Derbi, connue pour ses scooters et motos, mais aussi pour sa participation au championnat du monde en catégorie 125. Ainsi, ces deux groupes espèrent devenir plus compétitifs en élargissant leurs gammes et leurs activités de recherche et de développement. Par conséquent, on peut s'attendre à voir sur les machines de Grand Prix les mots « Piaggio » ou « Vespa » ! Pourquoi pas ?

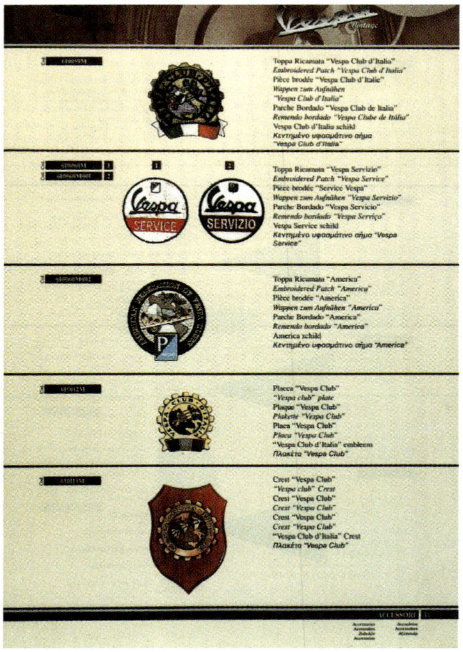

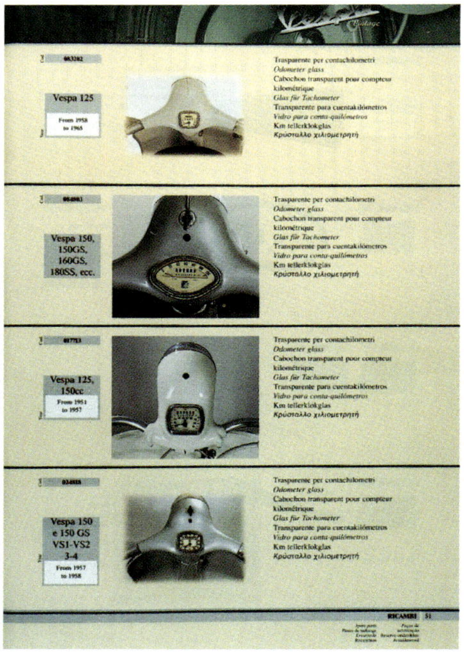

Ci-dessus

Comme à l'époque, un catalogue des pièces détachées et accessoires des Vespa est publié pour 2000.

En haut à gauche

Chaque année, l'Eurovespa se déroule dans un pays différent : pour 2001 c'est en France, à Fourchambault.

À gauche

Le catalogue Vespa vintage 2000 *propose des pièces brodées, des plaques de club…*

Ci-contre

… et même des cabochons transparents pour compteur de différents modèles.

Conclusion

Depuis maintenant cinquante-cinq ans, le scooter Vespa a atteint des records de production et cela dès son lancement. Les chiffres peuvent se résumer de la sorte : à sa sortie en 1946, Piaggio produit 2 484 Vespa, 35 678 en 1949 et 91 048 en 1951. Le chiffre de 500 000 est atteint en 1953. Le premier million d'exemplaires est quant à lui atteint le 28 avril 1956, soit dix ans après sa création. En 1988, Vespa est produite à dix millions à travers le monde entier et de nos jours les quinze millions d'unités produites et vendues sont atteintes. Quelles sont les qualités de Vespa qui ont tant plu aux différentes générations de jeunes ? Pour les années d'immédiat après-guerre, il s'agit d'un véhicule, qui plus est simple et économique. C'est déjà une bonne raison à cette époque où l'on en manquait cruellement. Pour expliquer son succès dans la période du boom économique, il s'agit d'un deux-roues à la mode mis en avant par des vedettes du show-business. Pendant les années soixante et soixante-dix, la Vespa devient le moyen de la progression d'une prise de conscience politique, partant des universités de Californie pour aller enflammer l'Europe.

Toutes les Vespa fonctionnent au mélange à 2 ou 5 % d'huile, le refroidissement est à air forcé par turbine et l'embrayage multi-disque travaillant dans l'huile (hormis pour les automatiques). Quant au châssis, il est constitué d'une coque autoporteuse. Les Vespa reçoivent toutes un freinage par tambour simple-came à l'avant comme à l'arrière.

Modèles	année	moteur		cylindrée	alésage x course	puissance
Vespa 98	1946	mono horizontal	2T	98,00 cm³	50,0 x 50,0 mm	3,20 ch à 4 500 tr/mn
Vespa 125	1948	mono horizontal	2T	124,85 cm³	56,5 x 49,8 mm	4,50 ch à 4 500 tr/mn
Vespa 125	1951	mono horizontal	2T	124,85 cm³	56,5 x 49,8 mm	4,50 ch à 4 500 tr/mn
Vespa 125	1953	mono horizontal	2T	123,67 cm³	54,0 x 54,0 mm	5,00 ch à 5 000 tr/mn
Vespa 125U	1953	mono horizontal	2T	124,85 cm³	56,5 x 49,8 mm	4,50 ch à 4 500 tr/mn
Vespa 150 GS	1955	mono horizontal	2T	145,45 cm³	57,0 x 57,0 mm	8,00 ch à 7 500 tr/mn
Vespa 125	1958	mono horizontal	2T	123,67 cm³	54,0 x 54,0 mm	4,50 ch à 5 000 tr/mn
Vespa 150	1959	mono horizontal	2T	145,45 cm³	57,0 x 57,0 mm	5,50 ch à 5 250 tr/mn
Vespa 125	1960	mono horizontal	2T	123,40 cm³	52,5 x 57,0 mm	4,60 ch à 5 000 tr/mn
Vespa 160 GS	1962	mono horizontal	2T	158,53 cm³	58,0 x 60,0 mm	8,20 ch à 6 500 tr/mn
Vespa 150 GL	1963	mono horizontal	2T	145,45 cm³	57,0 x 57,0 mm	5,80 ch à 5 000 tr/mn
Vespa 50	1964	mono incliné	45° 2T	49,77 cm³	38,4 x 43,0 mm	1,50 ch à 4 500 tr/mn
Vespa 180 SS	1965	mono horizontal	2T	181,14 cm³	62,0 x 60,0 mm	10,00 ch à 6 250 tr/mn
Vespa 125	1966	mono incliné	45° 2T	121,16 cm³	55,0 x 51,0 mm	4,80 ch à 4 500 tr/mn
Vespa Super Sprint 90	1966	mono incliné	45° 2T	88,50 cm³	47,0 x 51,0 mm	6,00 ch à 6 000 tr/mn
Vespa 125 Primavera	1968	mono incliné	45° 2T	121,17 cm³	55,0 x 51,0 mm	5,56 ch à 5 500 tr/mn
Vespa 180 Rally	1968	mono horizontal	45° 2T	180,69 cm³	63,5 x 57,0 mm	10,30 ch à 5 700 tr/mn
Vespa 50 Elestart	1970	mono incliné	45° 2T	49,00 cm³	38,4 x 43,0 mm	1,45 ch à 4 500 tr/mn
Vespa 200 Rally	1972	mono horizontal	2T	197,97 cm³	66,5 x 57,0 mm	12,35 ch à 5 700 tr/mn
Vespa 125 Primavera ET3	1976	mono incliné	45° 2T	125,10 cm³	55,0 x 51,0 mm	6,00 ch à 5 500 tr/mn
Vespa 125 PX	1978	mono horizontal	2T	123,40 cm³	52,5 x 57,0 mm	7,75 ch à 5 750 tr/mn
Vespa 200 PE	1978	mono horizontal	2T	197,97 cm³	66,5 x 57,0 mm	12,00 ch à 5 700 tr/mn
Vespa 150 PX E	1982	mono horizontal	2T	149,56 cm³	57,8 x 57,0 mm	8,80 ch à 5 700 tr/mn
Vespa 125 PK	1983	mono incliné	45° 2T	121,16 cm³	55,0 x 51,0 mm	6,87 ch à 5 600 tr/mn
Vespa 50 PK	1983	mono incliné	45° 2T	49,79 cm³	38,4 x 43,0 mm	1,50 ch à 4 500 tr/mn
Vespa 125 PK automatique	1984	mono incliné	45° 2T	121,20 cm³	55,0 x 51,0 mm	7,50 ch à 6 200 tr/mn
Vespa 50 PK automatique	1985	mono incliné	45° 2T	49,20 cm³	32,8 x 43,0 mm	1,50 ch à 4 500 tr/mn
Vespa 125 ETS	1985	mono incliné	45° 2T	121,20 cm³	55,0 x 51,0 mm	8,50 ch à 6 000 tr/mn
Vespa T5	1985	mono horizontal	2T	123,54 cm³	55,0 x 52,0 mm	11,00 ch à 6 700 tr/mn
Vespa 50 N	1989	mono incliné	45° 2T	49,80 cm³	38,4 x 43,0 mm	2,04 ch à 5 000 tr/mn
Vespa 50 Spécial	1991	mono incliné	45° 2T	49,80 cm³	38,4 x 43,0 mm	1,45 ch à 4 500 tr/mn
Vespa ET4	1996	mono ACT	4T	124,20 cm³	57,0 x 48,6 mm	12,00 ch à 6 500 tr/mn

Récapitulatif des Vespa

carburateur	allumage	boîte de vit.	pneus	poids	vitesse maxi
Dell'Orto TA17	volant magnétique	3 rapports	3,50 x 80	60 kg	60 km/h
Dell'Orto TA17	volant magnétique Piaggio	3 rapports	3,50 x 80	70 kg	70 km/h
Dell'Orto TA17B	volant magnétique Piaggio	3 rapports	3,50 x 80	75 kg	70 km/h
Dell'Orto TA18C	volant magnétique	3 rapports	3,50 x 80	86 kg	75 km/h
Dell'Orto TA17B	volant magnétique	3 rapports	3,50 x 80	78 kg	65 km/h
Dell'Orto UB23S3	volant magnétique	4 rapports	3,50 x 10	104 kg	100 km/h
Dell'Orto UA16S1	volant magnétique	3 rapports	3,50 x 80	81 kg	75 km/h
Dell'Orto SI20/17	volant magnétique	3 rapports	3,50 x 80	87 kg	85 km/h
Dell'Orto SI20/15	volant magnétique	3 rapports	3,50 x 80	83 kg	75 km/h
Dell'Orto SI27/23	volant magnétique	4 rapports	3,50 x 10	110 kg	100 km/h
Dell'Orto SI20/17C	volant magnétique	4 rapports	3,50 x 10	88 kg	90 km/h
Dell'Orto SHB14/14	volant magnétique	3 rapports	2,75 x 90	66 kg	40 km/h
Dell'Orto 27/23	volant magnétique	4 rapports	3,50 x 10	105 kg	105 km/h
Dell'Orto SHB16/16	volant magnétique	4 rapports	3,00 x 10	75 kg	80 km/h
Dell'Orto SHB16/16	volant magnétique	4 rapports	3,00 x 10	77 kg	93 km/h
Dell'Orto SHB19/19	volant magnétique	4 rapports	3,00 x 10	74 kg	85 km/h
Dell'Orto SI20/20D	volant magnétique	4 rapports	3,50 x 10	102 kg	100 km/h
Dell'Orto SMH16/10	dynamo 12V	3 rapports	2,75 x 90	75 kg	40 km/h
Dell'Orto SI24/24E	électronique	4 rapports	3,50 x 10	101 kg	116 km/h
Dell'Orto SHB19/19	électronique Ducati	4 rapports	3,00 x 10	76 kg	85 km/h
Dell'Orto SI20/20D	volant magnétique	4 rapports	3,50 x 10	81 kg	95 km/h
Dell'Orto SI24/24E	électronique	4 rapports	3,50 x 10	95 kg	110 km/h
Dell'Orto SI20/20D	électronique Zanussi	4 rapports	3,50 x 10	96,5 kg	100 km/h
Dell'Orto SHBC19/19E	électronique	4 rapports	3,00 x 10	87 kg	88 km/h
Dell'Orto SHB16/10	électronique	4 rapports	3,00 x 10	70 kg	40 km/h
Dell'Orto FHBA28/20	électronique	automatique	3,00 x 10	90 kg	85 km/h
Dell'Orto FHB16/12	électronique	automatique	3,00 x 10	85 kg	40 km/h
Dell'Orto SHBC20/20L	électronique	4 rapports	3,00 x 10	82 kg	97 km/h
Dell'Orto SI24/24E	électronique	4 rapports	3,00 x 10	112 kg	104 km/h
Dell'Orto SHB16/12M	électronique	3 rapports	3,00 x 10	90 kg	40 km/h
Dell'Orto SHB16/12	volant magnétique	3 rapports	3,00 x 10	74 kg	40 km/h
Mikuni à dépression	électronique	automatique	3,00 x 10	104 kg	95 km/h

Bibliographie

AA. VV, *1946-1996, 50 anni di Vespa*, 1996.
Luigi Rivola, *Chi Vespa mangia le mele*, 1993.
Bob Darnell et Bob Golfen, *How to restore and maintain your Vespa motorscooter*, 1999.
AA. VV., *Il Mito di Vespa de*, 1996.
La Vespa 1946-1996, éd. ETAI, 1996.
Registro Storico Vespa, éd. CLD, 2000.
Eric Dregni, *Scooter Mania*, 1998.
Roberto Leardi, *Scooters Italiani degli anni '40/'60*, 1998.
Dieter Struss, *Vespa*, 1995.
Leardi, Frisinghelli et Notari, *Vespa Tecnica,* vol. 1 à 7, 1999.
Jean Goyard et Bernard Salvat, *Vespa,* t. 1 et 2, 1992.
Eric Brockway, *Vespa, an illustrated history*, 1993.
Andrea et David Sparrow, *Vespa, the Family Album*, 1996.

Remerciements

Tout d'abord à Titi, puis Michel Laugel, Edmond Gallet, Piaggio France et Italie.

Suivi éditorial : Aude Macquet
Conception et réalisation graphique : Alain Florey *(malb Studio Flageul)*
Impression : Vincenzo Bona
Reliure : Vincenzo Bona
Dépôt légal : Février 2002
Achevé d'imprimé en janvier 2002 sur les presses de l'imprimerie Vincenzo Bona (Italie)